Formelsammlung
Mathematik · Physik · Chemie

Hans Prölß
Hans Rupp

Oldenbourg

Bildquellenverzeichnis
Ausschnitt aus der Karlsruher Nuklidkarte, 6. Auflage 1995,
G. Pfennig, H. Klewe-Nebenius, W. Seelmann-Eggebert,
Institut für instrumentelle Analytik Forschungszentrum Karlsruhe

1. Auflage 1997
unveränderter Nachdruck 02 01 00 99 98 R
Die letzte Zahl bezeichnet das Jahr des Drucks.

Lektorat: Dorothee Heinrich; Lektoratsassistentin: Barbara Liedtke
Herstellung: Johannes Schmidt-Thomé
Umschlagkonzeption: Mendell & Oberer, München
Umschlaggestaltung: Greenstuff, München
Satz: Ulrich Dirr, München
Setzerei Vornehm GmbH, München
Druck- und Bindearbeiten: R. Oldenbourg, Graphische Betriebe GmbH, München

ISBN 3-486-**87094**-7

Inhaltsverzeichnis

Inhaltsverzeichnis

Inhaltsverzeichnis

Inhaltsverzeichnis

Optik

Elektrizitätslehre

Atom- und Kernphysik

Chemie

Mathematische Zeichen und Abkürzungen

$\mathbb{N}$	Menge der natürlichen Zahlen
$\mathbb{N}_0$	Menge der natürlichen Zahlen einschließlich der Zahl 0
$\mathbb{Z}$	Menge der ganzen Zahlen
$\mathbb{Z}^-$	Menge der negativen ganzen Zahlen
$\mathbb{Q}$	Menge der rationalen Zahlen
$\mathbb{Q}_0^+$	Menge der positiven rationalen Zahlen einschließlich der Zahl 0
$\mathbb{Q}^-$	Menge der negativen rationalen Zahlen
$\mathbb{R}$	Menge der reellen Zahlen
$\mathbb{G}$	Grundmenge
$\mathbb{L}$	Lösungsmenge
$\mathbb{D}$	Definitionsmenge
$\mathbb{W}$	Wertemenge
$\emptyset$	Leere Menge
$M; M_1; M_2$	Mengen
$\{a; b; c\}$	Menge mit den Elementen a, b und c
$\{x \mid \ldots\}$	Menge aller Elemente x der vereinbarten Grundmenge, für die gilt ...
$[x_1; x_2]$	abgeschlossenes Intervall
$[y_1, y_2[$ $]y_1, y_2]$	halboffene Intervalle
$]z_1, z_2[$	offenes Intervall
$M_1 \cap M_2$	Schnittmenge (Menge aller Elemente, die zu M_1 und zugleich zu M_2 gehören)
$M_1 \cup M_2$	Vereinigungsmenge (Menge aller Elemente, die zu M_1 oder auch zu M_2 gehören)
$M_1 \setminus M_2$	Restmenge (Menge aller Elemente, die zu M_1, aber nicht zu M_2 gehören)
$M_1 \times M_2$	Produktmenge (Menge aller Paare $(x \mid y)$ mit $x \in M_1$ und zugleich $y \in M_2$)

Mathematische Zeichen und Abkürzungen

$(2 \mid -3)$	Geordnetes Zahlenpaar aus den Zahlen 2 und -3		
$\lvert a \rvert$	Betrag von a		
$\begin{vmatrix} a_1 & b_1 \\ a_2 & b_2 \end{vmatrix}$	zweireihige Determinante		
(w)	wahre Aussage;	(f)	falsche Aussage
x, y, a, b	Variable		
$T_1, T_2; T(x)$	Terme; Term mit der Variablen x		
R	Relation	R^{-1}	Umkehrrelation der Relation R
f	Funktion	f^{-1}	Umkehrfunktion der Funktion f
f(x)	Funktionsterm		
a^n	Potenz mit der Basis a und dem Exponenten n		
$\sqrt{a}$	Quadratwurzel aus a		
$\sqrt[n]{a}$	n-te Wurzel aus a		
$\log_a x$	Logarithmus von x zur Basis a		
lg x	Zehnerlogarithmus (Dekadischer Logarithmus) von x		
$\in$	... ist Element von ...	$\notin$	... ist nicht Element von ...
$\subseteqq$	... ist Teilmenge von ...	$\nsubseteq$	... ist nicht Teilmenge von ...
$\subset$	... ist echte Teilmenge von ...		
$=$	... ist gleich ...	$\neq$	... ist nicht gleich ...
$>$	... ist größer als ...	$<$	... ist kleiner als ...
$\geqq$	... ist größer gleich ...	$\leqq$	... ist kleiner gleich ...
$\approx$	... ist ungefähr gleich ...		
$\wedge$	... und zugleich ...	$\vee$	... oder auch ...
$\sim$	... ist direkt proportional zu ...; ... ist ähnlich zu ...		
$\triangleq$	... entspricht ...		

Mathematische Zeichen und Abkürzungen

$\Leftrightarrow$	... ist äquivalent zu ...
$\Rightarrow$	... daraus folgt ...; ... wenn ..., dann ...
$O(0 \mid 0)$	Ursprung des Koordinatensystems
A, B, C, P	Punkte
$P(x \mid y)$	Punkt P mit den kartesischen Koordinaten x und y
$P(a \mid \alpha)$	Punkt P mit den Polarkoordinaten a und α
$\{P \mid ...\}$	Menge aller Punkte P mit der Eigenschaft ...
g, h, g_1, g_2	Geraden
$\mathbb{E}, \mathbb{E}_1, \mathbb{E}_2$	Ebenen
AB	Gerade durch A und B
[AB	Halbgerade durch B mit dem Anfangspunkt A
[AB]	Strecke mit den Endpunkten A und B
$\overline{AB}$	Länge der Strecke [AB]
$d(P; g)$	Abstand des Punktes P von der Geraden g
$\sphericalangle ASB$	Winkel zwischen den Halbgeraden [SA und [SB bzw. Maß des Winkels
α, β, γ	Maße von Winkeln
$\triangle ABC$	Dreieck mit den Eckpunkten A, B, und C
$k(M; r)$	Kreislinie mit dem Mittelpunkt M und dem Radius r
$\overset{\frown}{AB}$	Kreisbogen mit den Endpunkten A und B (mit Orientierung)
A	Flächeninhalt
V	Volumen
LE, FE, VE	Längen-, Flächen-, Volumeneinheit
$\overrightarrow{PQ}$	Pfeil von P nach Q; Vektor, dessen Vertreter der Pfeil $\overrightarrow{PQ}$ ist
$\vec{a} = \begin{pmatrix} a_x \\ a_y \end{pmatrix}$	Vektor $\vec{a}$ mit den kartesischen Koordinaten a_x und a_y

Mathematische Zeichen und Abkürzungen

$\vec{a} = (a \mid \alpha)$	Vektor $\vec{a}$ mit den Polarkoordinaten a und α
$\lvert\vec{a}\rvert = a$	Betrag des Vektors $\vec{a}$
$\vec{a} \oplus \vec{b}$	Summe der Vektoren $\vec{a}$ und $\vec{b}$
$\vec{a} \odot \vec{b}$	Skalarprodukt der Vektoren $\vec{a}$ und $\vec{b}$
$k \cdot \vec{a}$	Multiplikation des Vektors $\vec{a}$ mit der Zahl k
$\begin{pmatrix} a & b \\ c & d \end{pmatrix}$	Matrix; $\begin{pmatrix} a & b \\ c & d \end{pmatrix} \odot \begin{pmatrix} x \\ y \end{pmatrix}$ Produkt einer Matrix mit einem Vektor
$\perp$	... steht senkrecht auf ...; ... ist orthogonal zu ...
$\parallel$	... ist parallel zu ...
$\cong$	... ist kongruent zu ...
$\sin\alpha$	Sinus von α; $\cos\alpha$ Kosinus von α; $\tan\alpha$ Tangens von α
$\xmapsto{s}$	... wird durch Achsenspiegelung mit der Spiegelachse s abgebildet auf ...
$\xmapsto{Z}$	... wird durch Punktspiegelung mit dem Zentrum Z abgebildet auf ...
$\xmapsto{D;\,\alpha}$	... wird durch Drehung mit dem Drehpunkt D und dem Maß α des Drehwinkels abgebildet auf ...
$\xmapsto{\vec{v}}$	... wird durch Parallelverschiebung mit dem Vektor $\vec{v}$ abgebildet auf ...
$\xmapsto{s;\,\varphi}$	... wird durch Scherung mit der Scherungsachse s und dem Maß φ des Scherungswinkels abgebildet auf ...
$\xmapsto{Z;\,k}$	... wird durch zentrische Streckung mit dem Streckungszentrum Z und dem Streckungsfaktor k abgebildet auf ...
$\xmapsto{s;\,k}$	... wird durch orthogonale Affinität mit der Affinitätsachse s und dem Affinitätsfaktor k abgebildet auf ...

ALG

Verknüpfungen von Mengen

Schnittmenge:

Menge aller Elemente, die zu M_1 und zugleich zu M_2 gehören.

$M_1 \cap M_2 = \{x \mid x \in M_1 \wedge x \in M_2\}$

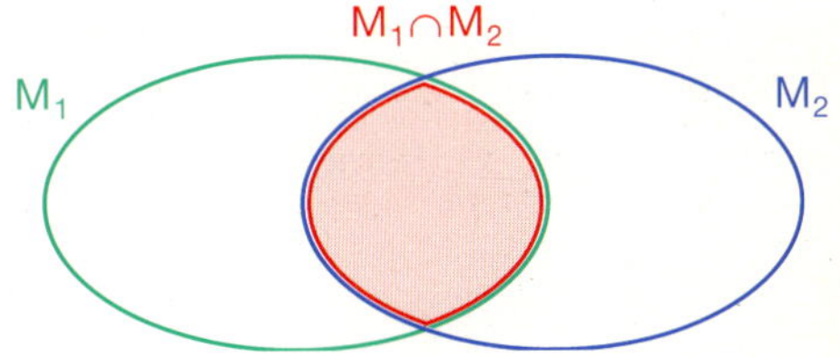

Vereinigungsmenge:

Menge aller Elemente, die zu M_1 oder auch zu M_2 gehören.

$M_1 \cup M_2 = \{x \mid x \in M_1 \vee x \in M_2\}$

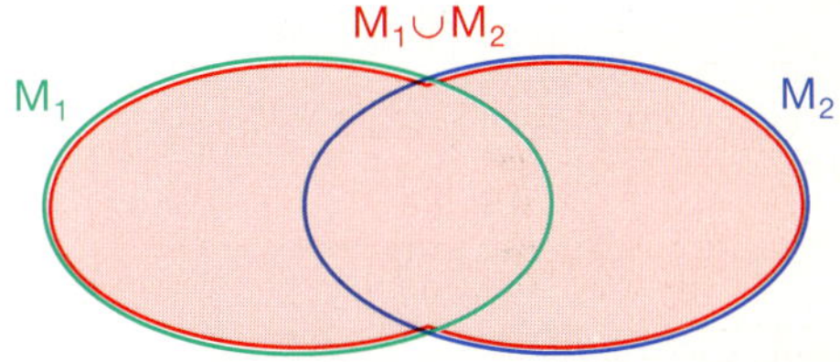

Restmenge (Differenzmenge)**:**

Menge aller Elemente, die zu M_1, aber nicht zu M_2 gehören.

$M_1 \setminus M_2 = \{x \mid x \in M_1 \wedge x \notin M_2\}$

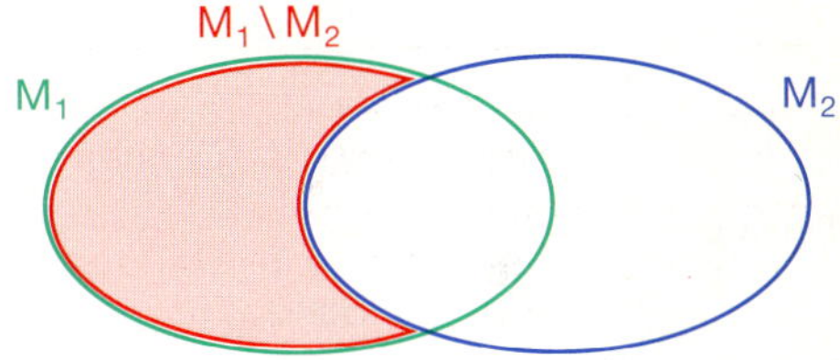

Produktmenge:

Menge aller geordneten Paare $(x \mid y)$, deren 1. Komponente aus M_1 und deren 2. Komponente aus M_2 ist.

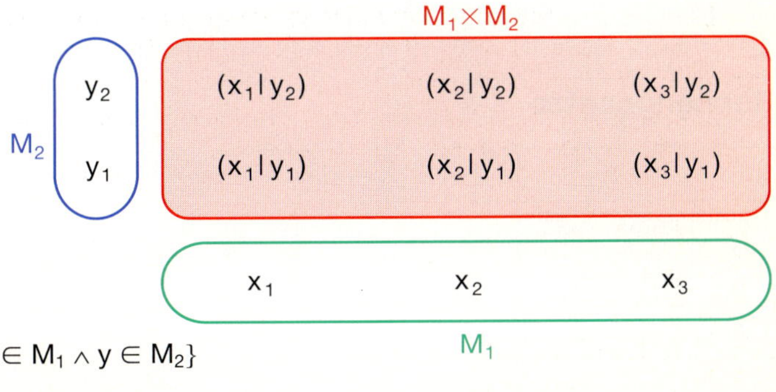

$M_1 \times M_2 = \{(x \mid y) \mid x \in M_1 \wedge y \in M_2\}$

Grundrechenarten

		Summe			
Addition:	a	+	b	=	c
	1. Summand		2. Summand		Summenwert

		Differenz			
Subtraktion:	a	−	b	=	c
	Minuend		Subtrahend		Differenzwert

		Produkt			
Multiplikation:	a	·	b	=	c
	1. Faktor		2. Faktor		Produktwert

		Quotient				
Division:	a	:	b	=	c	$(b \neq 0)$
	Dividend		Divisor		Quotientenwert	

Die Division durch 0 ist nicht definiert.

Rechengesetze

	Addition	Multiplikation
Kommutativgesetz	$a + b = b + a$	$a \cdot b = b \cdot a$
Assoziativgesetz	$(a + b) + c = a + (b + c)$	$(a \cdot b) \cdot c = a \cdot (b \cdot c)$
Distributivgesetz	$(a + b) \cdot c = a \cdot c + b \cdot c$	

Rechnen mit positiven und negativen Zahlen

Betrag einer Zahl

$$|a| = \begin{cases} a & \text{für} \quad a > 0 \\ 0 & \text{für} \quad a = 0 \\ -a & \text{für} \quad a < 0 \end{cases}$$

Addition

$(+a) + (+b) = a + b$

$(+a) + (-b) = a - b$

$(-a) + (+b) = -a + b$

$(-a) + (-b) = -a - b$

Subtraktion

$(+a) - (+b) = a - b$

$(+a) - (-b) = a + b$

$(-a) - (+b) = -a - b$

$(-a) - (-b) = -a + b$

Multiplikation

$(+a) \cdot (+b) = a \cdot b$

$(+a) \cdot (-b) = -(a \cdot b)$

$(-a) \cdot (+b) = -(a \cdot b)$

$(-a) \cdot (-b) = a \cdot b$

Division $(b \neq 0)$

$(+a) : (+b) = a : b$

$(+a) : (-b) = -(a : b)$

$(-a) : (+b) = -(a : b)$

$(-a) : (-b) = a : b$

Rechnen mit Brüchen

Erweitern $(b, c \neq 0)$

$$\frac{a}{b} = \frac{a \cdot c}{b \cdot c}$$

Kürzen $(b, c \neq 0)$

$$\frac{a}{b} = \frac{a : c}{b : c}$$

Addition $(c, d \neq 0)$

$$\frac{a}{c} + \frac{b}{c} = \frac{a + b}{c}$$

$$\frac{a}{c} + \frac{b}{d} = \frac{a \cdot d + b \cdot c}{c \cdot d}$$

Subtraktion $(c, d \neq 0)$

$$\frac{a}{c} - \frac{b}{c} = \frac{a - b}{c}$$

$$\frac{a}{c} - \frac{b}{d} = \frac{a \cdot d - b \cdot c}{c \cdot d}$$

Multiplikation $(c, d \neq 0)$

$$\frac{a}{c} \cdot \frac{b}{d} = \frac{a \cdot b}{c \cdot d}$$

Division $(b, c, d \neq 0)$

$$\frac{a}{c} : \frac{b}{d} = \frac{a \cdot d}{c \cdot b}$$

Bezeichnungen

$a^b = c$
a: Basis; b: Exponent; a^b: Potenz; c: Potenzwert

Definitionen

$a^n = \underbrace{a \cdot a \cdot a \cdot \ldots \cdot a}_{n \text{ Faktoren}}$	$a \in \mathbb{R},\ n \in \mathbb{N} \setminus \{1\}$
$a^1 = a$	$a \in \mathbb{R}$
$a^0 = 1$	$a \in \mathbb{R} \setminus \{0\}$
$a^{-n} = \frac{1}{a^n}$	$a \in \mathbb{R} \setminus \{0\},\ n \in \mathbb{N}$
$a^{\frac{1}{n}} = \sqrt[n]{a}$	$a \in \mathbb{R}_0^+,\ n \in \mathbb{N}$
$a^{\frac{m}{n}} = \sqrt[n]{a^m}$	$a \in \mathbb{R}_0^+,\ m \in \mathbb{N},\ n \in \mathbb{N}$
$a^{-\frac{m}{n}} = \frac{1}{\sqrt[n]{a^m}}$	$a \in \mathbb{R}^+,\ m \in \mathbb{N},\ n \in \mathbb{N}$

Anmerkung:
Potenzen lassen sich auch für irrationale Exponenten definieren. Damit sind Potenzen für alle reellen Exponenten definiert.

Potenzgesetze

für $a, b \in \mathbb{R} \setminus \{0\}$ und $p, q \in \mathbb{Z}$
bzw. $a, b \in \mathbb{R}^+$ und $p, q \in \mathbb{R}$ gilt:

1. $a^p \cdot a^q = a^{p+q}$
2. $\frac{a^p}{a^q} = a^{p-q}$
3. $a^p \cdot b^p = (a \cdot b)^p$
4. $\frac{a^p}{b^p} = \left(\frac{a}{b}\right)^p$
5. $(a^p)^q = a^{p \cdot q}$

ALG

Wurzeln

Definitionen

$\sqrt{a}$ ist die positive Lösung der Gleichung $x^2 = a \quad (a \in \mathbb{R}_0^+)$

$\sqrt[n]{a}$ ist die positive Lösung der Gleichung $x^n = a \quad (a \in \mathbb{R}_0^+,\ n \in \mathbb{N})$

Bezeichnungen: a: Radikand; n: Wurzelexponent

Folgerungen $(a \in \mathbb{R}_0^+,\ n \in \mathbb{N})$

$\left(\sqrt{a}\right)^2 = a \qquad \left(\sqrt[n]{a}\right)^n = a$

Rechengesetze $(a \in \mathbb{R}_0^+,\ b \in \mathbb{R}_0^+$ bzw. $b \in \mathbb{R}^+,\ n \in \mathbb{N})$

$\sqrt{a} \cdot \sqrt{b} = \sqrt{a \cdot b} \qquad \dfrac{\sqrt{a}}{\sqrt{b}} = \sqrt{\dfrac{a}{b}} \qquad \sqrt[n]{a} \cdot \sqrt[n]{b} = \sqrt[n]{a \cdot b} \qquad \dfrac{\sqrt[n]{a}}{\sqrt[n]{b}} = \sqrt[n]{\dfrac{a}{b}}$

Logarithmen

Definition

Die Lösung der Gleichung $a^x = b$ über $\mathbb{G} = \mathbb{R}$ nennt man den Logarithmus von b zur Basis a.

$a^x = b \Leftrightarrow x = \log_a b \quad (a \in \mathbb{R}^+ \setminus \{1\},\ b \in \mathbb{R}^+)$

Bezeichnungen: a: Basis des Logarithmus; b: Numerus

Folgerung

$\log_a b$ ist der Exponent, mit dem man die Basis a potenzieren muss, um den Potenzwert b zu erhalten.

Sonderfall: Zehnerlogarithmus (Dekadischer Logarithmus)

$10^x = b \Leftrightarrow x = \log_{10} b \Leftrightarrow x = \lg b$

Rechengesetze (Logarithmensätze)

1. $\log_a (u \cdot v) = \log_a u + \log_a v$
2. $\log_a \dfrac{u}{v} = \log_a u - \log_a v$
3. $\log_a (u^k) = k \cdot \log_a u$

$(u, v \in \mathbb{R}^+;\ k \in \mathbb{R};\ a \in \mathbb{R}^+ \setminus \{1\})$

Berechnung von Logarithmen mit beliebiger Basis

Für $a \in \mathbb{R}^+ \setminus \{1\}$, $b \in \mathbb{R}^+$ gilt: $\log_a b = \dfrac{\lg b}{\lg a}$

Terme

Zahlen, Variable und sinnvolle Zusammenstellungen von Zahlen, Variablen und Rechenzeichen nennt man Terme.

Äquivalente Terme

Terme, die bei jeder möglichen Belegung aus einer Grundmenge $\mathbb{G}$ stets den gleichen Termwert haben, heißen äquivalent über $\mathbb{G}$.

Termumformungen

Die Umformung eines Terms in einen äquivalenten Term heißt Termumformung.

Auflösen von Klammern (Klammerregel)

$$a + (b + c) = a + b + c$$
$$a + (b - c) = a + b - c$$
$$a - (b + c) = a - b - c$$
$$a - (b - c) = a - b + c$$

Ausklammern (Faktorisieren)

$$a \cdot d + b \cdot d + c \cdot d = d \cdot (a + b + c)$$

Ausmultiplizieren

$$(a + b + c) \cdot d = a \cdot d + b \cdot d + c \cdot d$$

Multiplikation von Summen

$$(a + b) \cdot (c + d) = a \cdot c + a \cdot d + b \cdot c + b \cdot d$$

Binomische Formeln

1. $(a + b)^2 = a^2 + 2 \cdot a \cdot b + b^2$
2. $(a - b)^2 = a^2 - 2 \cdot a \cdot b + b^2$
3. $(a + b) \cdot (a - b) = a^2 - b^2$

Äquivalenzumformungen von Gleichungen

Die Lösungsmenge einer Gleichung ändert sich nicht, wenn man auf beiden Seiten
- den gleichen Term addiert,
- den gleichen Term subtrahiert,
- mit dem gleichen Term $(T \neq 0)$ multipliziert,
- durch den gleichen Term $(T \neq 0)$ dividiert.

Dabei ist T der Wert des Terms.

Äquivalenzumformungen von Ungleichungen

Die Lösungsmenge einer Ungleichung ändert sich nicht,
wenn man auf beiden Seiten
- den gleichen Term addiert,
- den gleichen Term subtrahiert,
- mit dem gleichen Term $(T > 0)$ multipliziert,
- durch den gleichen Term $(T > 0)$ dividiert.

Multipliziert man mit einem Term $(T < 0)$ oder dividiert man durch einen Term $(T < 0)$, so ändert sich die Lösungsmenge ebenfalls nicht, wenn man gleichzeitig das Ungleichheitszeichen umkehrt. *(Inversionsgesetz)*

Dabei ist T der Wert des Terms.

Verknüpfungen von Aussageformen

Die Aussageform A_1 hat die Lösungsmenge $\mathbb{L}_1$.
Die Aussageform A_2 hat die Lösungsmenge $\mathbb{L}_2$.
Verknüpfung $A_1 \wedge A_2$: Lösungsmenge $\mathbb{L} = \mathbb{L}_1 \cap \mathbb{L}_2$
Verknüpfung $A_1 \vee A_2$: Lösungsmenge $\mathbb{L} = \mathbb{L}_1 \cup \mathbb{L}_2$

Spezielle Gleichungen und Ungleichungen

$a \cdot b = 0 \quad \Leftrightarrow \quad a = 0 \vee b = 0$

$a \cdot b > 0 \quad \Leftrightarrow \quad (a > 0 \wedge b > 0) \vee (a < 0 \wedge b < 0)$

$a \cdot b < 0 \quad \Leftrightarrow \quad (a > 0 \wedge b < 0) \vee (a < 0 \wedge b > 0)$

$\frac{a}{b} = 0 \quad \Leftrightarrow \quad a = 0 \wedge b \neq 0$

$\frac{a}{b} > 0 \quad \Leftrightarrow \quad (a > 0 \wedge b > 0) \vee (a < 0 \wedge b < 0)$

$\frac{a}{b} < 0 \quad \Leftrightarrow \quad (a > 0 \wedge b < 0) \vee (a < 0 \wedge b > 0)$

$a < b < c \quad \Leftrightarrow \quad a < b \wedge b < c$

Zweireihige Determinante

$$\begin{vmatrix} a_1 & b_1 \\ a_2 & b_2 \end{vmatrix} = a_1 \cdot b_2 - a_2 \cdot b_1$$

Lineares Gleichungssystem

$$\begin{array}{rl} & a_1 \cdot x + b_1 \cdot y = c_1 \\ \wedge & a_2 \cdot x + b_2 \cdot y = c_2 \end{array} \qquad (a_1, c_1, a_2, c_2 \in \mathbb{R};\ b_1, b_2 \in \mathbb{R} \setminus \{0\};\ \mathbb{G} = \mathbb{R} \times \mathbb{R})$$

$D_N \neq 0$: ein Lösungspaar $(x|y)$

$$x = \frac{D_x}{D_N}; \qquad y = \frac{D_y}{D_N}$$ *(Cramer'sche Regel)*

$$D_N = \begin{vmatrix} a_1 & b_1 \\ a_2 & b_2 \end{vmatrix} \qquad D_X = \begin{vmatrix} c_1 & b_1 \\ c_2 & b_2 \end{vmatrix} \qquad D_Y = \begin{vmatrix} a_1 & c_1 \\ a_2 & c_2 \end{vmatrix}$$

Übersicht

Anzahl der Lösungspaare	Bedingungen für die Determinanten	Lösungsmenge
ein Lösungspaar	$D_N \neq 0$	$\mathbb{L} = \left\{ \left(\frac{D_X}{D_N} \middle\vert \frac{D_Y}{D_N} \right) \right\}$
kein Lösungspaar	$D_N = 0$ $\wedge\ D_X \neq 0$	$\mathbb{L} = \emptyset$
unendlich viele Lösungspaare	$D_N = 0$ $\wedge\ D_X = 0$	$\mathbb{L} = \{(x\|y) \mid a_1 \cdot x + b_1 \cdot y = c_1\}$ $= \{(x\|y) \mid a_2 \cdot x + b_2 \cdot y = c_2\}$

Allgemeine Form der quadratischen Gleichung

$a \cdot x^2 + b \cdot x + c = 0$ $\quad (a \in \mathbb{R}\setminus\{0\};\ b, c \in \mathbb{R};\ \mathbb{G} = \mathbb{R})$

Diskriminante $D = b^2 - 4 \cdot a \cdot c$

Die Lösungsmenge $\mathbb{L}$ besitzt für

$D > 0$ *zwei* Elemente: $\mathbb{L} = \left\{ \frac{-b - \sqrt{b^2 - 4 \cdot a \cdot c}}{2 \cdot a} ; \frac{-b + \sqrt{b^2 - 4 \cdot a \cdot c}}{2 \cdot a} \right\}$

$D = 0$ *ein* Element: $\mathbb{L} = \left\{ -\frac{b}{2 \cdot a} \right\}$

$D < 0$ *kein* Element: $\mathbb{L} = \emptyset$

Lösungsformel:

$$x_{1/2} = \frac{-b \pm \sqrt{b^2 - 4 \cdot a \cdot c}}{2 \cdot a}$$

Normalform der quadratischen Gleichung

$x^2 + p \cdot x + q = 0$ $\quad (p, q \in \mathbb{R};\ \mathbb{G} = \mathbb{R})$

Sind x_1 und x_2 die Lösungen dieser Gleichung, so gilt:

$x_1 + x_2 = -p$ und $x_1 \cdot x_2 = q$

Diese Beziehungen nennt man den **Satz von Vieta**.

Linearfaktorenzerlegung

$x^2 + p \cdot x + q = (x - x_1) \cdot (x - x_2)$

Dabei sind x_1 und x_2 die Lösungen der quadratischen Gleichung
$x^2 + p \cdot x + q = 0$

Anmerkung:
Besitzt die quadratische Gleichung nur eine Lösung, so gilt: $x_1 = x_2$.

Direkte Proportionalität

Zwei Größen a und b sind **direkt proportional** ($a \sim b$), wenn dem n-fachen der Größe a das n-fache der Größe b zugeordnet ist.

Folgerungen:

1. Die Größenpaare $(a|b)$ sind quotientengleich.

   $$\frac{b}{a} = k \quad \Leftrightarrow \quad b = k \cdot a$$

   k ist eine Konstante und heißt *Proportionalitätsfaktor*.

2. Die grafische Darstellung der Größenpaare ergibt Punkte, die auf einer Ursprungsgeraden liegen.

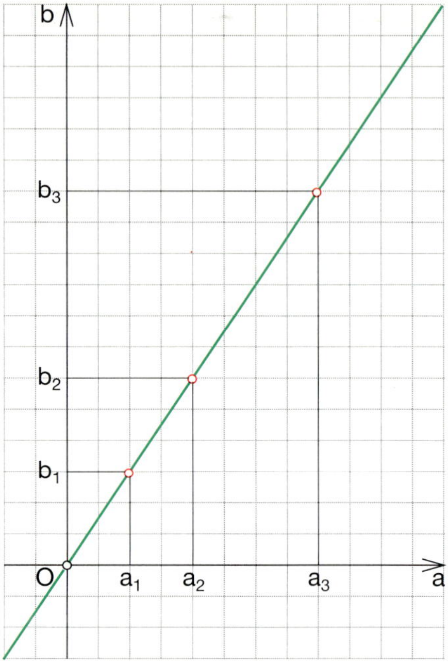

Indirekte Proportionalität

Zwei Größen a und b sind **indirekt proportional** $\left(a \sim \frac{1}{b}\right)$, wenn dem n-fachen der Größe a der n-te Teil der Größe b zugeordnet ist.

Folgerungen:

1. Die Größenpaare $(a|b)$ sind produktgleich.

   $$a \cdot b = k$$

   k ist eine Konstante.

2. Die grafische Darstellung der Größenpaare ergibt Punkte, die auf einem Hyperbelast liegen.

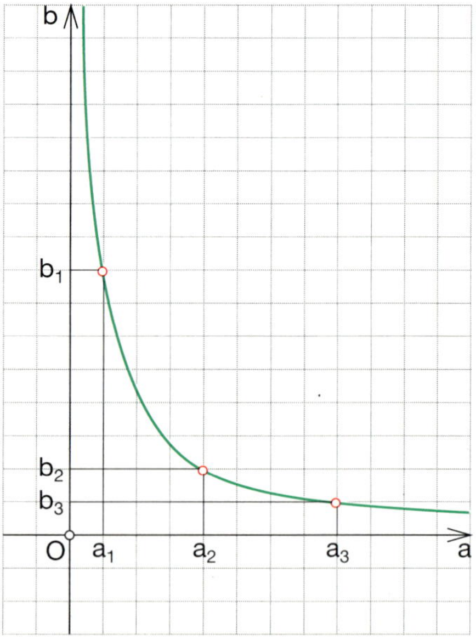

Prozentrechnung

1 Prozent (%) einer Größe ist $\frac{1}{100}$ der Größe.

$$\frac{P}{p} = \frac{G}{100\%}$$

P: Prozentwert
p: Prozentsatz
G: Grundwert

$$P = \frac{G \cdot p}{100\%} \qquad p = \frac{P \cdot 100\%}{G} \qquad G = \frac{P \cdot 100\%}{p}$$

Promillerechnung

1 Promille (‰) einer Größe ist $\frac{1}{1000}$ der Größe.

$$\frac{P}{p} = \frac{G}{1000‰}$$

P: Promillewert
p: Promillesatz
G: Grundwert

$$P = \frac{G \cdot p}{1000‰} \qquad p = \frac{P \cdot 1000‰}{G} \qquad G = \frac{P \cdot 1000‰}{p}$$

Zinsrechnung

Zinsformel:

$$Z = \frac{K \cdot p \cdot t}{100\% \cdot 360 \text{ Tage}}$$

Z: Zinsen
K: Kapital
p: Zinssatz
t: Laufzeit in Tagen

$$K = \frac{Z \cdot 100\% \cdot 360 \text{ Tage}}{p \cdot t} \qquad p = \frac{Z \cdot 100\% \cdot 360 \text{ Tage}}{K \cdot t} \qquad t = \frac{Z \cdot 100\% \cdot 360 \text{ Tage}}{K \cdot p}$$

Relation R: Lösungsmenge einer Aussageform mit zwei Variablen

Relationsvorschrift: Aussageform mit zwei Variablen

Grundmenge $\mathbb{G}$: Produktmenge $M_1 \times M_2$

Definitionsmenge $\mathbb{D}$: Menge der 1. Komponenten der Paare der Relation

Wertemenge $\mathbb{W}$: Menge der 2. Komponenten der Paare der Relation

Beispiel:

Relationsvorschrift: $x + y < 4$

Grundmenge: $\mathbb{G} = M_1 \times M_2$
$M_1 = \{1; 2; 3; 4; 5\}$
$M_2 = \{0; 1; 2; 3; 4\}$

Relation: $R = \{(1|0); (1|1); (1|2); (2|0); (2|1); (3|0)\}$

Definitionsmenge: $\mathbb{D} = \{1; 2; 3\}$

Wertemenge: $\mathbb{W} = \{0; 1; 2\}$

Pfeildiagramm der Relation R

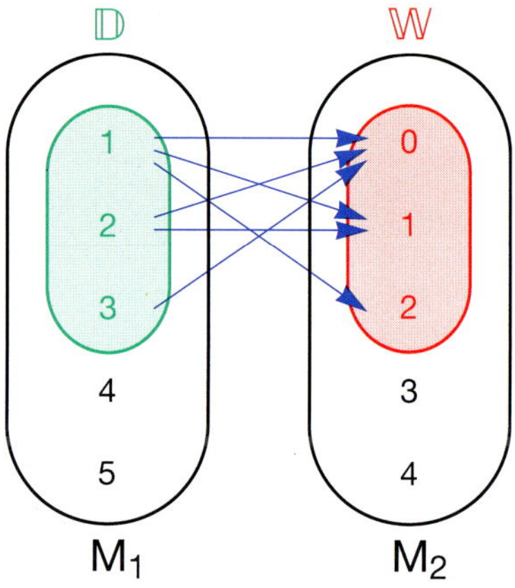

Sind die Elemente einer Relation R Zahlenpaare, dann lassen sich diesen Zahlenpaaren Punkte im Koordinatensystem zuordnen.

Die Menge dieser Punkte ist der **Graph der Relation R**.

Die x-Koordinate der Punkte heißt **Abszisse**. Die y-Koordinate der Punkte heißt **Ordinate**.

Die x-Achse heißt Abszissenachse. Die y-Achse heißt Ordinatenachse.

Koordinatendiagramm der Relation R

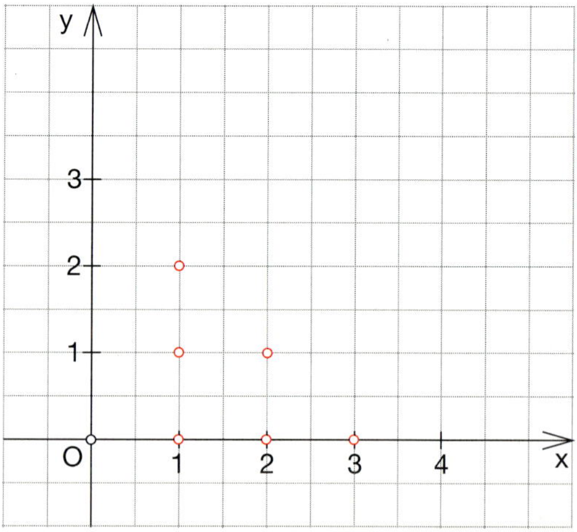

Funktion f:
Relation, bei der jedem Element der Definitionsmenge $\mathbb{D}$ genau ein Element der Wertemenge $\mathbb{W}$ zugeordnet ist.
Ist die Funktionsvorschrift eine Gleichung der Form $y = f(x)$, dann heißt der Term $f(x)$ **Funktionsterm**.
Die x-Werte, denen der y-Wert 0 zugeordnet ist, heißen **Nullstellen** der Funktion.

Beispiel:

Funktionsgleichung: $y = x^2 - 1$

Grundmenge:
$\mathbb{G} = M_1 \times M_2$
$M_1 = \{-3; -2; -1; 0; 1; 2; 3\}$
$M_2 = \{-2; -1; 0; 1; 2; 3\}$

Funktion:
$f = \{(-2|3); (-1|0); (0|-1); (1|0); (2|3)\}$

Definitionsmenge:
$\mathbb{D} = \{-2; -1; 0; 1; 2\}$

Wertemenge:
$\mathbb{W} = \{-1; 0; 3\}$

Beachte:
Von jedem Element der Definitionsmenge $\mathbb{D}$ geht genau ein Pfeil aus.

Pfeildiagramm der Funktion f

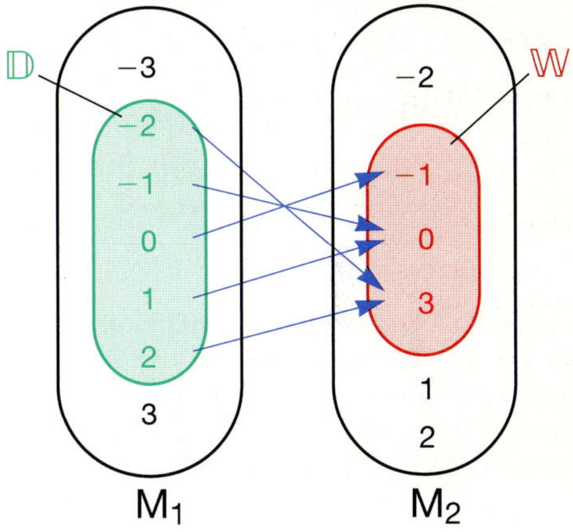

Wertetabelle der Funktion f:

x	−2	−1	0	1	2
y	3	0	−1	0	3

Nullstellen der Funktion f:

$x_1 = -1$ und $x_2 = 1$

Beachte:
Bei einer Funktion f liegt auf jeder Parallelen zur y-Achse höchstens ein Punkt des Graphen.

Koordinatendiagramm der Funktion f

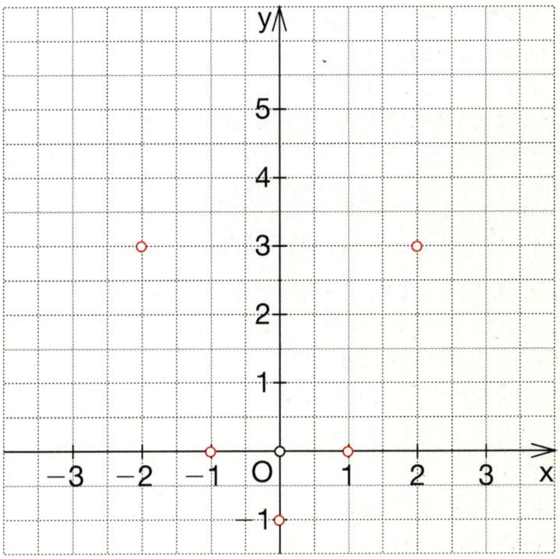

Umkehrrelation

Vertauscht man in den Paaren der Relation R die ersten Komponenten mit den zweiten Komponenten, so erhält man die Umkehrrelation R^{-1}.
Damit gilt: $\mathbb{D}(R^{-1}) = \mathbb{W}(R)$; $\mathbb{W}(R^{-1}) = \mathbb{D}(R)$.
Man erhält die Relationsvorschrift der Umkehrrelation R^{-1}, wenn man in der Relationsvorschrift der Relation R die Variablen x und y vertauscht.

Beispiel:

$R = \{(1|2); (1|3); (1|4); (2|3); (2|4)\}$
$\mathbb{D}(R) = \{1; 2\}$
$\mathbb{W}(R) = \{2; 3; 4\}$
Relationsvorschrift von R: $y > x$

$R^{-1} = \{(2|1); (3|1); (4|1); (3|2); (4|2)\}$
$\mathbb{D}(R^{-1}) = \{2; 3; 4\}$
$\mathbb{W}(R^{-1}) = \{1; 2\}$
Relationsvorschrift von R^{-1}: $x > y$

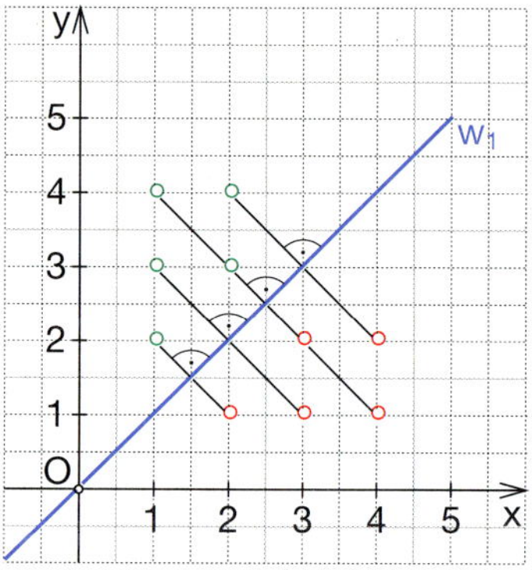

Man erhält den Graphen der Umkehrrelation R^{-1}, wenn man den Graphen der Relation R durch Achsenspiegelung an der Winkelhalbierenden w_1 des I. und III. Quadranten des Koordinatensystems abbildet.

Umkehrfunktion

Vertauscht man in den Paaren der Funktion f die ersten Komponenten mit den zweiten Komponenten, so erhält man die Umkehrrelation R^{-1}.
Ist die Umkehrrelation wieder eine Funktion, so wird sie als Umkehrfunktion f^{-1} bezeichnet.

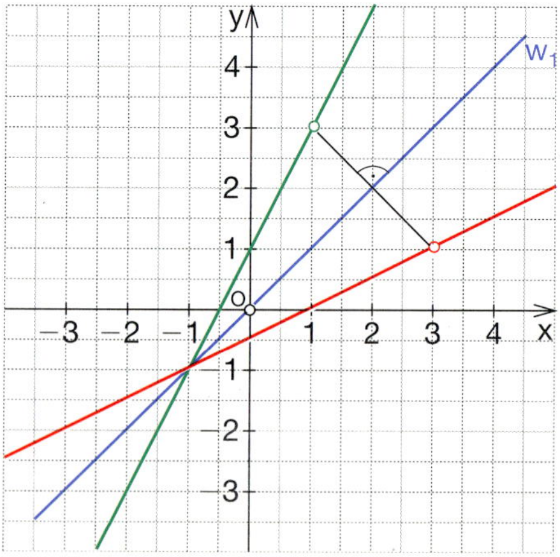

Beispiel:

$f\ :\quad y = 2 \cdot x + 1\,;\qquad \mathbb{G} = \mathbb{R} \times \mathbb{R}$

$f^{-1}:\quad x = 2 \cdot y + 1$

$\Leftrightarrow y = \frac{1}{2} \cdot x - \frac{1}{2}\,;\qquad \mathbb{G} = \mathbb{R} \times \mathbb{R}$

Gleichung: $y = m \cdot x + t$ mit $m, t \in \mathbb{R}$ und $\mathbb{G} = \mathbb{R} \times \mathbb{R}$

Definitionsmenge: $\mathbb{D} = \mathbb{R}$

Wertemenge: $\mathbb{W} = \mathbb{R}$ für $m \neq 0$

$\mathbb{W} = \{t\}$ für $m = 0$

Graph: Gerade, die nicht parallel zur y-Achse des Koordinatensystems verläuft

$m > 0$

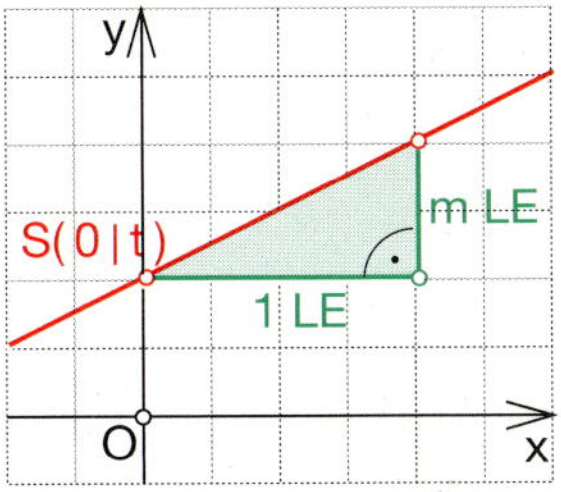

$m = 0$

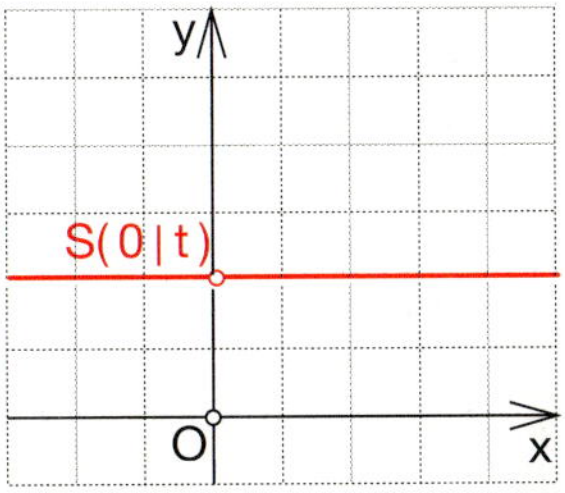

$m < 0$

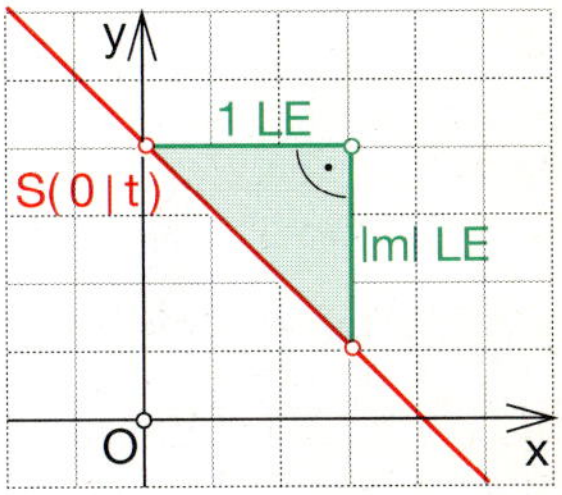

Sonderfälle:

$m = 1$ und $t = 0$

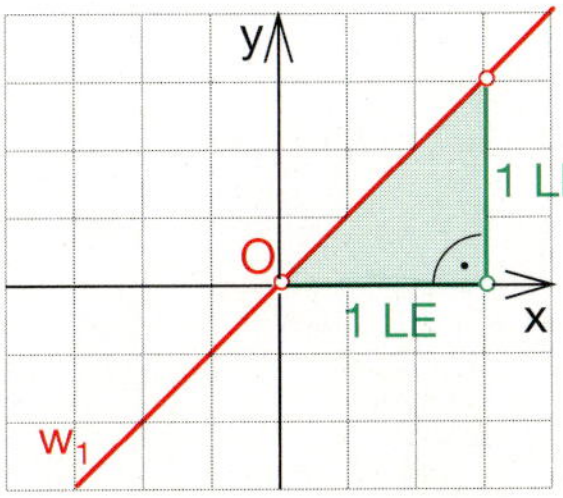

Winkelhalbierende des I. und III. Quadranten
$w_1 \triangleq y = x$

$m = 0$ und $t = 0$

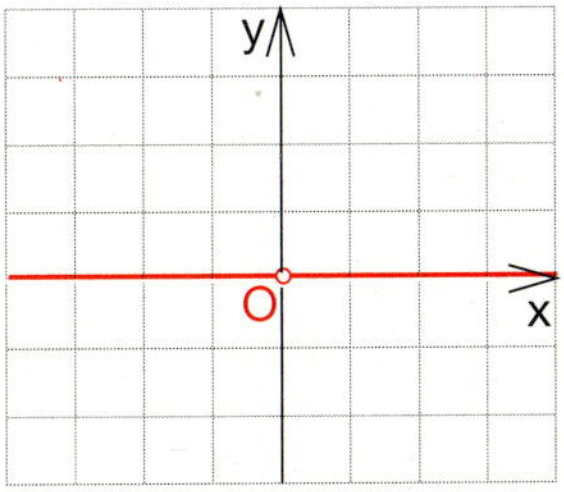

x-Achse des Koordinatensystems
x-Achse $\triangleq y = 0$

$m = -1$ und $t = 0$

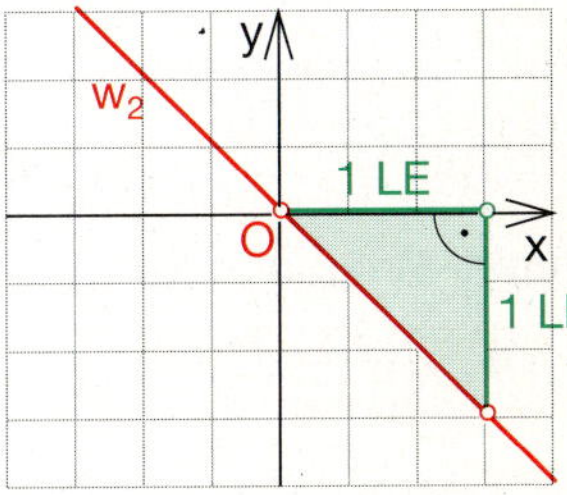

Winkelhalbierende des II. und IV. Quadranten
$w_2 \triangleq y = -x$

Normalform

$$y = m \cdot x + t \qquad m, t \in \mathbb{R}$$

m: Steigung
t: y-Achsenabschnitt

Für die Steigung m gilt:

$$m = \frac{y_2 - y_1}{x_2 - x_1} = \tan\alpha \qquad (x_2 - x_1 \neq 0)$$

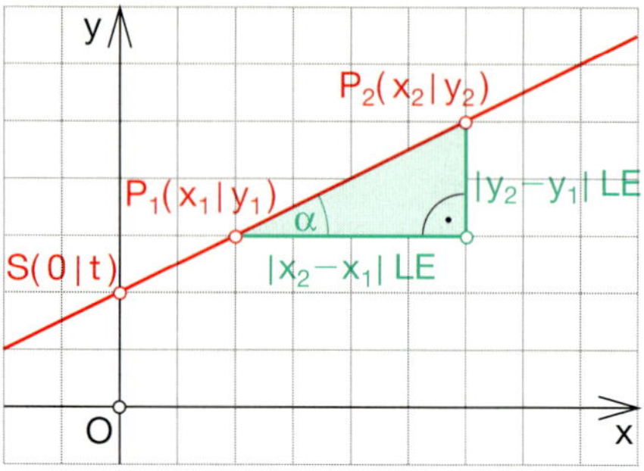

Allgemeine Form

$$a \cdot x + b \cdot y + c = 0 \qquad a, b, c \in \mathbb{R}$$

Sonderfall:
$b = 0$ und $a \neq 0$:
$a \cdot x + c = 0$ bzw. $x = -\frac{c}{a}$
Der Graph ist eine Parallele zur y-Achse.

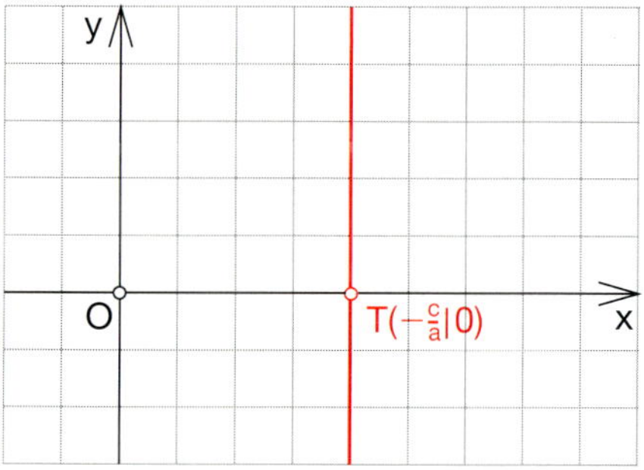

Punkt-Steigungs-Form

$$y = m \cdot (x - x_p) + y_p \qquad m, x_p, y_p \in \mathbb{R}$$

m: Steigung der Geraden
x_p: x-Koordinate des Punktes P
y_p: y-Koordinate des Punktes P

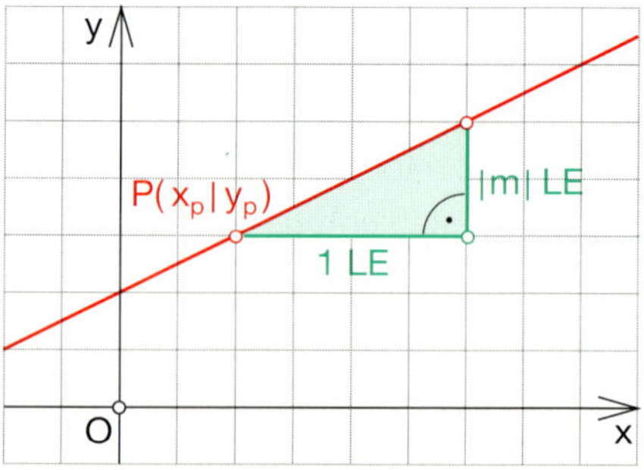

Orthogonale Geraden

$g_1 \triangleq y = m_1 \cdot x + t_1$
$g_2 \triangleq y = m_2 \cdot x + t_2$

$g_1 \perp g_2 : m_1 \cdot m_2 = -1$

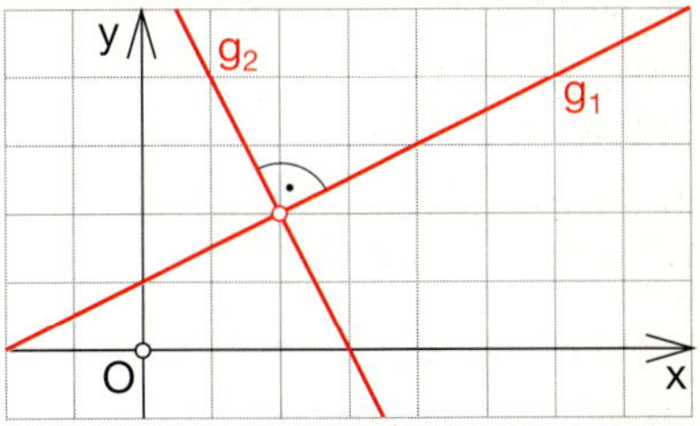

Parallele Geraden

$g_1 \triangleq y = m_1 \cdot x + t_1$
$g_2 \triangleq y = m_2 \cdot x + t_2$

$g_1 \parallel g_2 : m_1 = m_2$

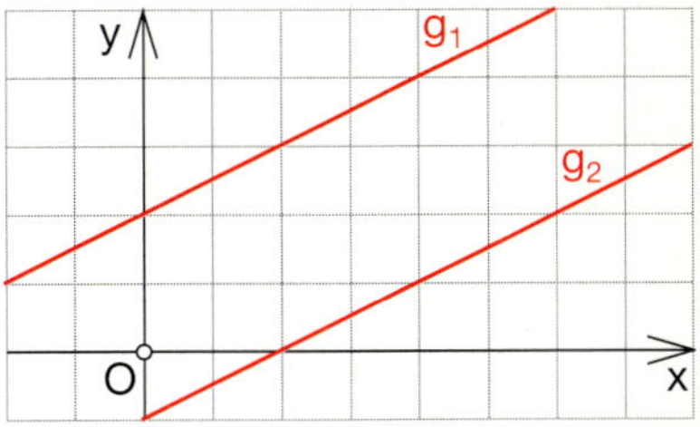

Parallelenschar

$g(t) \triangleq y = m_0 \cdot x + t$

$m_0, t \in \mathbb{R}$

Dabei ist die Steigung m_0 fest und der y-Achsenabschnitt t ist variabel.

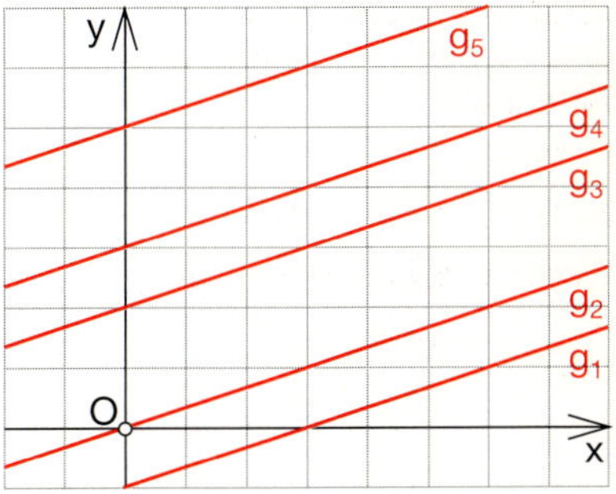

Geradenbüschel

$g(m) \triangleq y = m \cdot (x - x_B) + y_B$

$m, x_B, y_B \in \mathbb{R}$

Der Punkt $B(x_B|y_B)$ ist der *Büschelpunkt* des Geradenbüschels.
Die Steigung m ist variabel.

Anmerkung:
Die Gerade g_0 des Geradenbüschels g(m) wird durch die angegebene Gleichung nicht erfasst.

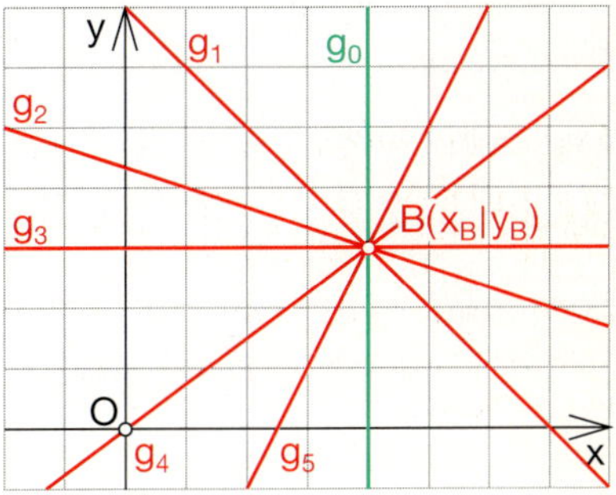

Gleichung: $y = a \cdot x^2 + b \cdot x + c$ $\quad a \in \mathbb{R}\setminus\{0\};\ b, c \in \mathbb{R}$ und $\mathbb{G} = \mathbb{R} \times \mathbb{R}$

Definitonsmenge: $\mathbb{D} = \mathbb{R}$

Wertemenge:

$$\mathbb{W} = \left\{ y \mid y \geqq c - \frac{b^2}{4 \cdot a} \right\} = \{ y \mid y \geqq y_s \} \quad \text{für } a > 0$$

$$\mathbb{W} = \left\{ y \mid y \leqq c - \frac{b^2}{4 \cdot a} \right\} = \{ y \mid y \leqq y_s \} \quad \text{für } a < 0$$

Graph: Parabel mit dem Scheitelpunkt $S(x_s \mid y_s)$:

$$x_s = -\frac{b}{2 \cdot a}; \quad y_s = c - \frac{b^2}{4 \cdot a}$$

$a > 0$: nach oben geöffnete Parabel

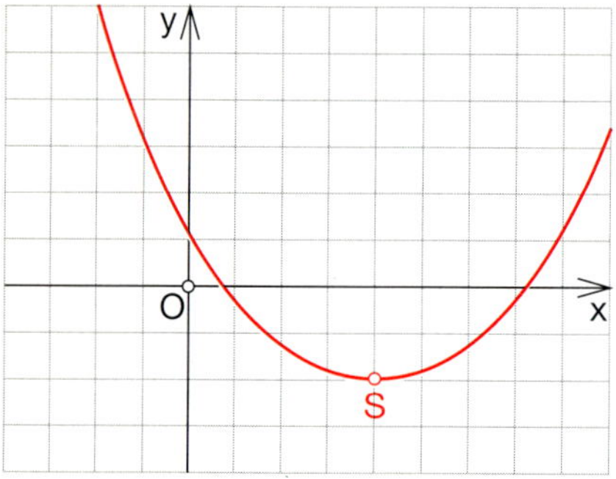

$a < 0$: nach unten geöffnete Parabel

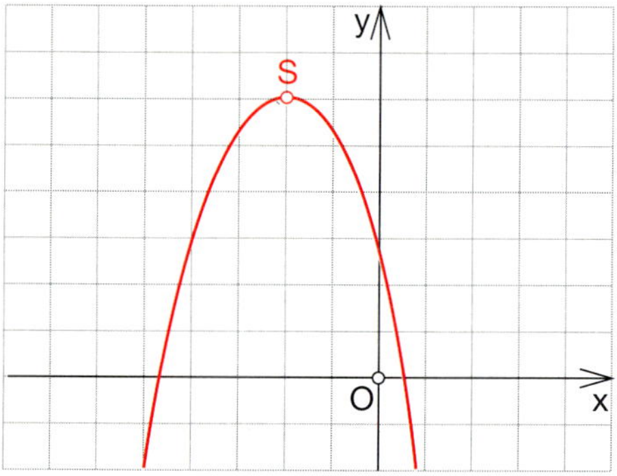

Parabelgleichungen:

Allgemeine Form: $y = a \cdot x^2 + b \cdot x + c$

Scheitelform: $y = a \cdot (x - x_s)^2 + y_s$

Sonderfall: $y = x^2 + p \cdot x + q$ $\quad p, q \in \mathbb{R}$

Gleichung der Normalparabel mit dem

Scheitelpunkt $S\left(-\frac{p}{2} \,\middle|\, q - \left(\frac{p}{2}\right)^2 \right)$

Potenzfunktionen mit natürlichen Exponenten

Gleichung: $y = x^n$ $n \in \mathbb{N}\setminus\{1\}$ und $\mathbb{G} = \mathbb{R} \times \mathbb{R}$

Definitionsmenge: $\mathbb{D} = \mathbb{R}$

Wertemenge: $\mathbb{W} = \mathbb{R}_0^+$ für n gerade

$\mathbb{W} = \mathbb{R}$ für n ungerade

Graph: Parabel n-ter Ordnung

n gerade: achsensymmetrische Parabel

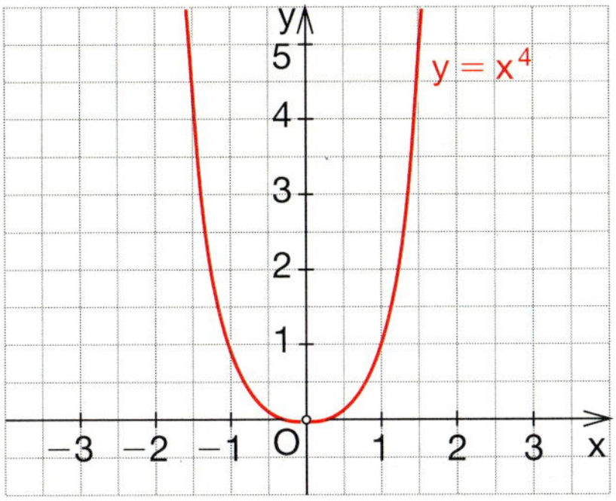

n ungerade: punktsymmetrische Parabel

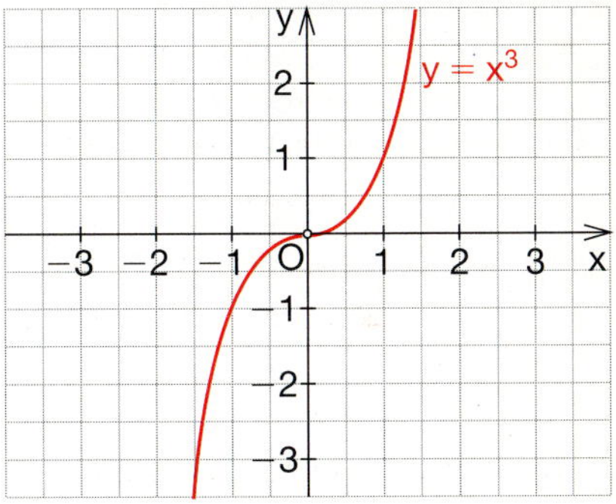

Potenzfunktionen mit negativen ganzzahligen Exponenten

Gleichung: $y = x^{-n}$ $n \in \mathbb{N}$ und $\mathbb{G} = \mathbb{R} \times \mathbb{R}$

Definitionsmenge: $\mathbb{D} = \mathbb{R}\setminus\{0\}$

Wertemenge: $\mathbb{W} = \mathbb{R}^+$ für n gerade

$\mathbb{W} = \mathbb{R}\setminus\{0\}$ für n ungerade

Graph: Hyperbel n-ter Ordnung

Die Koordinatenachsen sind Asymptoten des Graphen.

n gerade:
achsensymmetrische Hyperbel

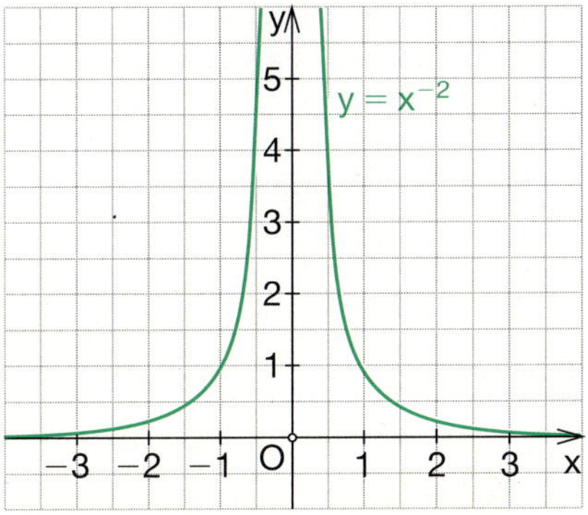

n ungerade:
punktsymmetrische Hyperbel

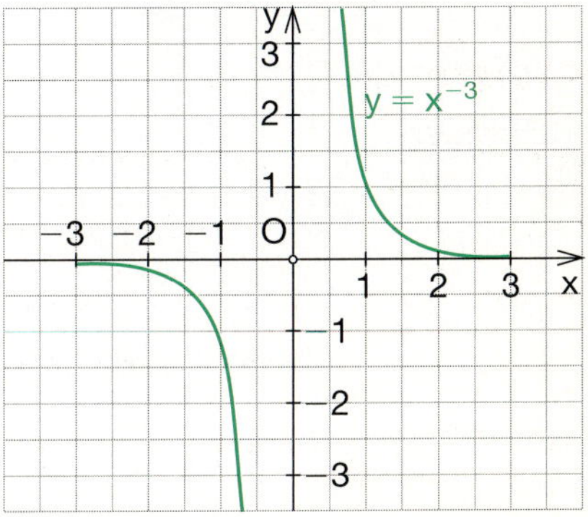

Potenzfunktionen mit positiven rationalen Exponenten

Gleichung: $y = x^{\frac{m}{n}}$

$m, n \in \mathbb{N} \quad (m \neq n)$

$\mathbb{G} = \mathbb{R}_0^+ \times \mathbb{R}_0^+$

Definitionsmenge: $\mathbb{D} = \mathbb{R}_0^+$

Wertemenge: $\mathbb{W} = \mathbb{R}_0^+$

Graph: Parabelast, der durch den Punkt P(1|1) verläuft.

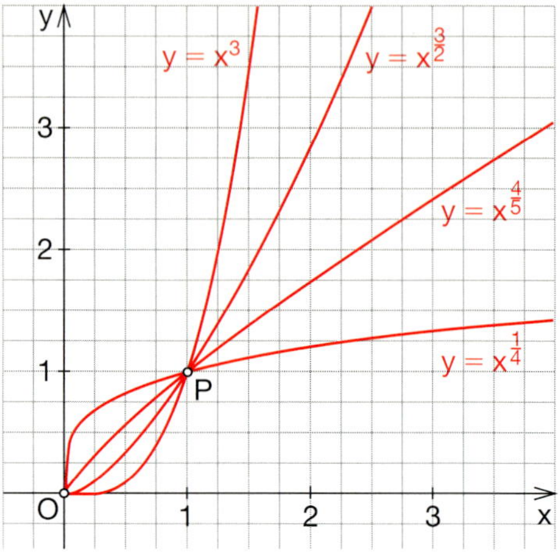

Potenzfunktionen mit negativen rationalen Exponenten

Gleichung: $y = x^{-\frac{m}{n}}$

$m, n \in \mathbb{N} \quad (m \neq n)$

$\mathbb{G} = \mathbb{R}_0^+ \times \mathbb{R}_0^+$

Definitionsmenge: $\mathbb{D} = \mathbb{R}^+$

Wertemenge: $\mathbb{W} = \mathbb{R}^+$

Graph: Hyperbelast, der durch den Punkt P(1|1) verläuft. Die x-Achse und die y-Achse sind Asymptoten des Graphen.

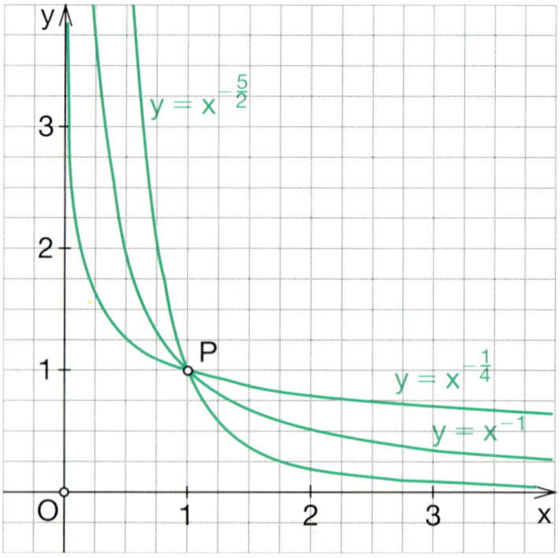

Gleichung: $y = a^x$ $a \in \mathbb{R}^+ \setminus \{1\}$ und $\mathbb{G} = \mathbb{R} \times \mathbb{R}$

Definitionsmenge: $\mathbb{D} = \mathbb{R}$

Wertemenge: $\mathbb{W} = \mathbb{R}^+$

Graph: Exponentialkurve mit der x-Achse als Asymptote

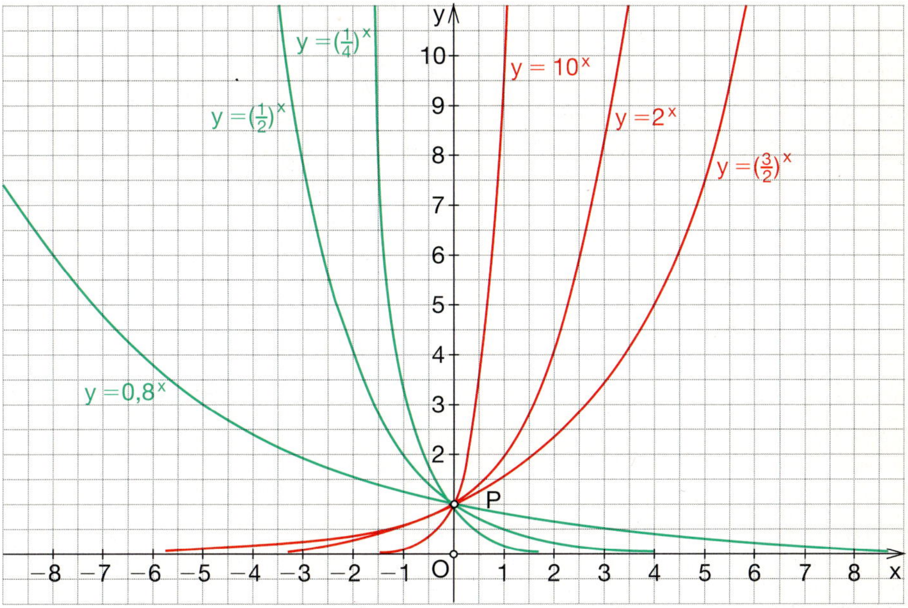

Abbildung einer Exponentialkurve

Gleichung der Exponentialkurve e: $y = a^x$; $a \in \mathbb{R}^+ \setminus \{1\}$

$$e \xmapsto{\text{x-Achse; k}} e' \xmapsto{\vec{v} = \begin{pmatrix} b \\ c \end{pmatrix}} e''$$

Dabei ist e'' der Graph der Funktion f mit der

Gleichung: $y = k \cdot a^{x-b} + c$ $a \in \mathbb{R}^+ \setminus \{1\}$; $k \in \mathbb{R} \setminus \{0\}$; $b, c \in \mathbb{R}$ und $\mathbb{G} = \mathbb{R} \times \mathbb{R}$

Definitionsmenge: $\mathbb{D} = \mathbb{R}$

Wertemenge: $\mathbb{W} = \{y \mid y > c\}$ für $k > 0$

$\mathbb{W} = \{y \mid y < c\}$ für $k < 0$

Asymptote: Parallele zur x-Achse mit der Gleichung $y = c$

Gleichung: $y = \log_a x$ $a \in \mathbb{R}^+ \setminus \{1\}$ und $\mathbb{G} = \mathbb{R} \times \mathbb{R}$

Definitionsmenge: $\mathbb{D} = \mathbb{R}^+$

Wertemenge: $\mathbb{W} = \mathbb{R}$

Graph: Logarithmuskurve mit der y-Achse als Asymptote

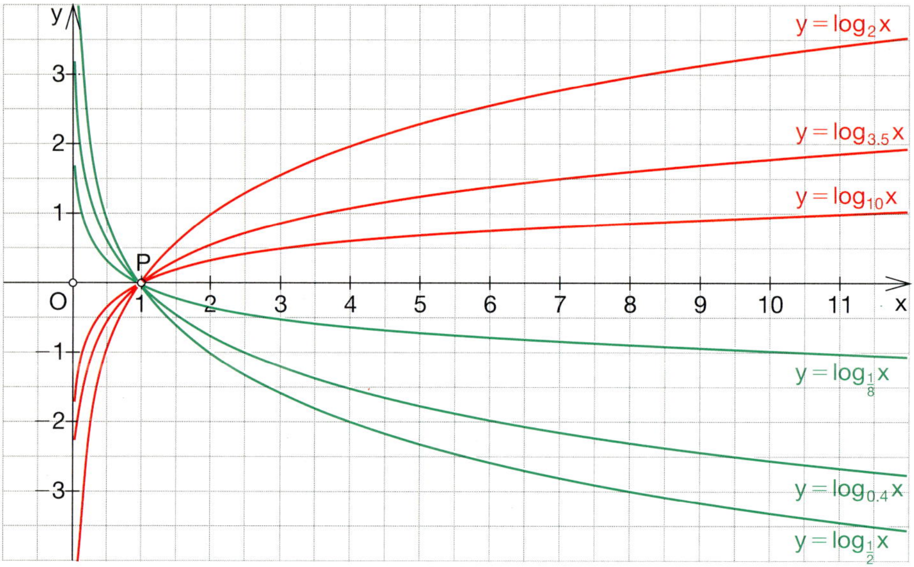

Abbildung einer Logarithmuskurve

Gleichung der Logarithmuskurve l: $y = \log_a x$; $a \in \mathbb{R}^+ \setminus \{1\}$

$$l \xrightarrow{\text{x-Achse; k}} l' \xrightarrow{\vec{v} = \begin{pmatrix} b \\ c \end{pmatrix}} l''$$

Dabei ist l" der Graph der Funktion f mit der

Gleichung: $y = k \cdot \log_a (x - b) + c$ $a \in \mathbb{R}^+ \setminus \{1\}$; $k \in \mathbb{R} \setminus \{0\}$; $b, c \in \mathbb{R}$ und $\mathbb{G} = \mathbb{R} \times \mathbb{R}$

Definitionsmenge: $\mathbb{D} = \{x | x > b\}$

Wertemenge: $\mathbb{W} = \mathbb{R}$

Asymptote: Parallele zur y-Achse mit der Gleichung $x = b$

Sinusfunktion

Gleichung: $y = \sin x$ $\mathbb{G} = \mathbb{R} \times \mathbb{R}$

Definitionsmenge: $\mathbb{D} = \mathbb{R}$
Wertemenge: $\mathbb{W} = [-1; 1]$
Graph: Sinuskurve mit der Periode 2π

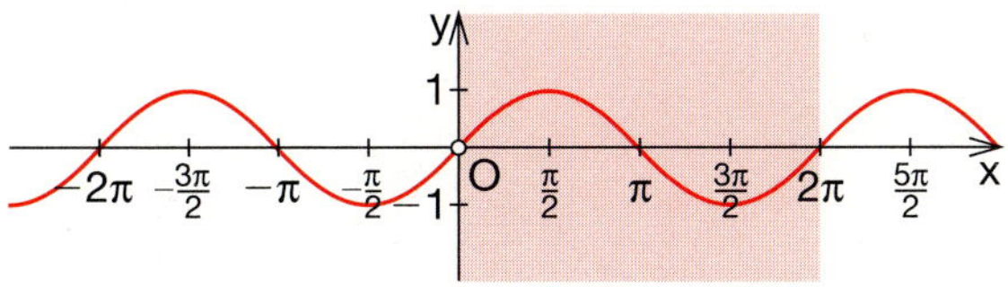

Kosinusfunktion

Gleichung: $y = \cos x$ $\mathbb{G} = \mathbb{R} \times \mathbb{R}$

Definitionsmenge: $\mathbb{D} = \mathbb{R}$
Wertemenge: $\mathbb{W} = [-1; 1]$
Graph: Kosinuskurve mit der Periode 2π

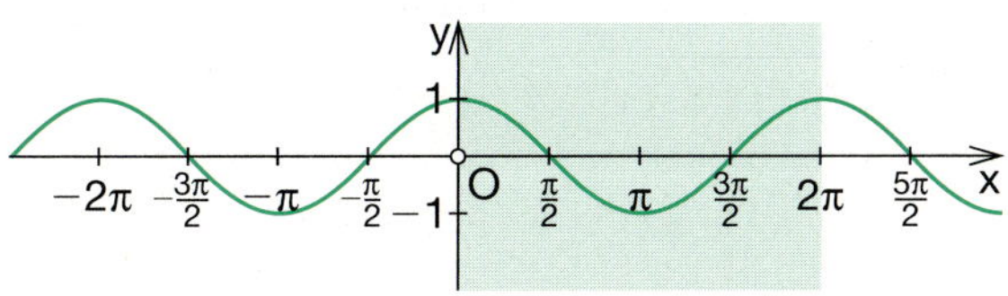

Tangensfunktion

Gleichung: $y = \tan x$ $\mathbb{G} = \mathbb{R} \times \mathbb{R}$

Definitionsmenge: $\mathbb{D} = \mathbb{R} \setminus \left\{ \ldots; -\frac{3\pi}{2}; -\frac{\pi}{2}; \frac{\pi}{2}; \frac{3\pi}{2}; \ldots \right\}$

Wertemenge: $\mathbb{W} = \mathbb{R}$
Graph: Tangenskurve mit der Periode π

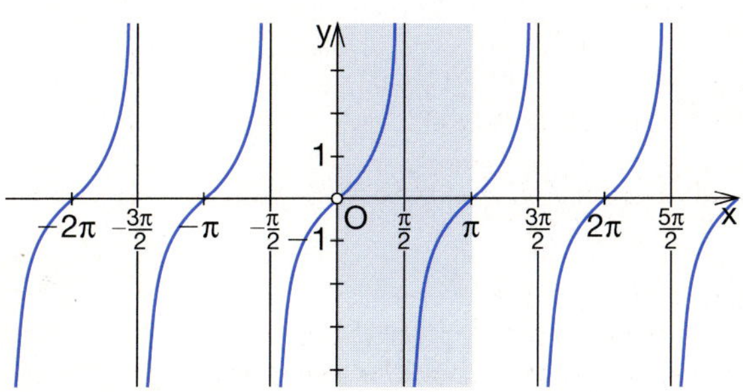

Ein Winkel ist eine flächenhafte Punktmenge, die von zwei Halbgeraden mit dem gemeinsamen Anfangspunkt S begrenzt wird.

Symbol: ∢ ASB

Maß des Winkels: α

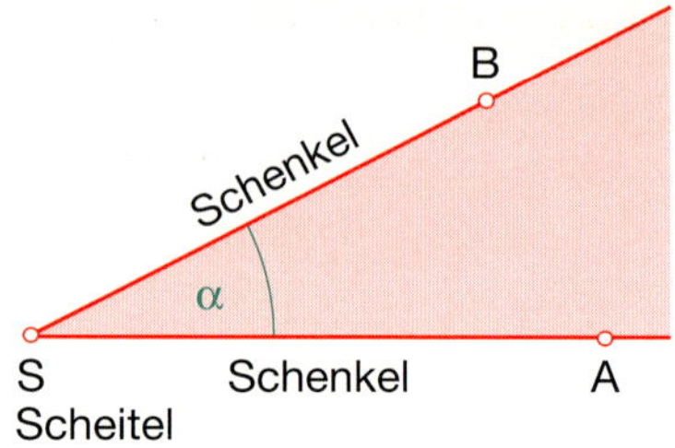

Winkelarten

Spitzer Winkel

$0° < \alpha < 90°$

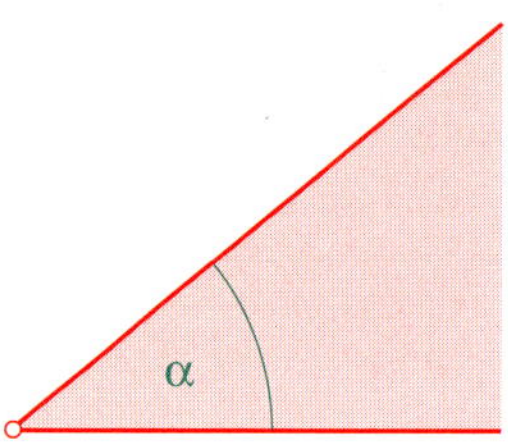

Rechter Winkel

$\beta = 90°$

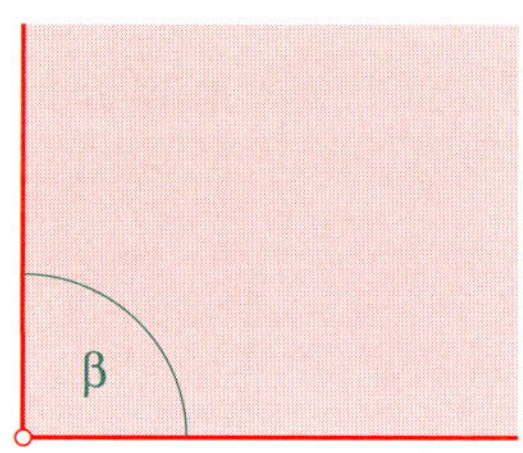

Stumpfer Winkel

$90° < \gamma < 180°$

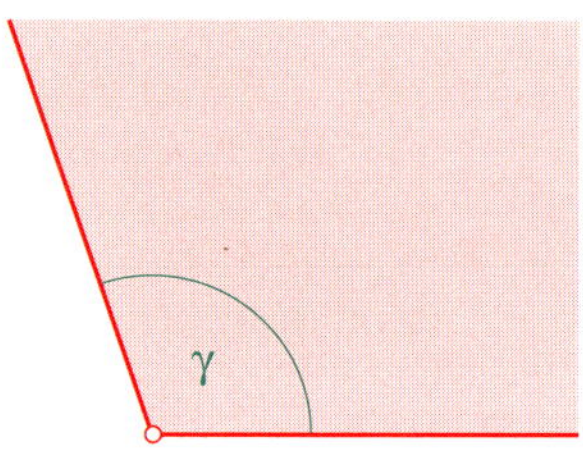

Gestreckter Winkel

$\delta = 180°$

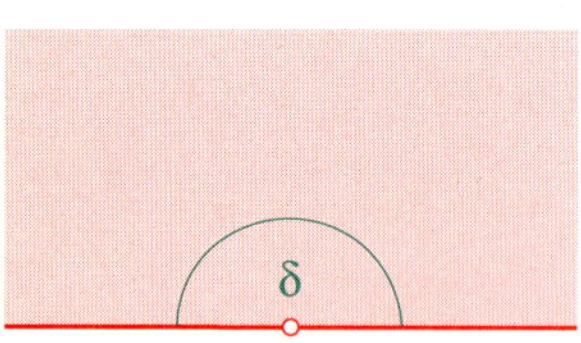

Überstumpfer Winkel

$180° < \varepsilon < 360°$

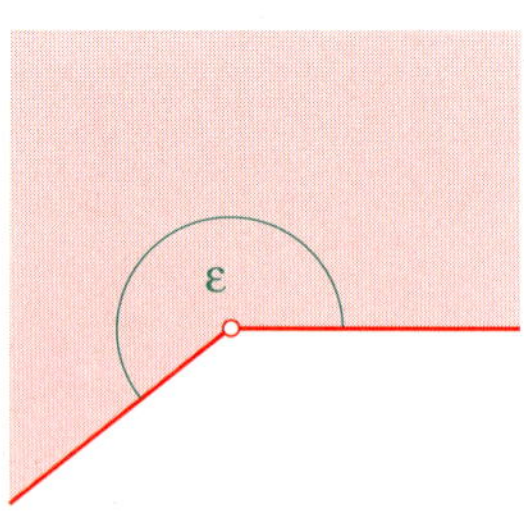

Vollwinkel

$\varphi = 360°$

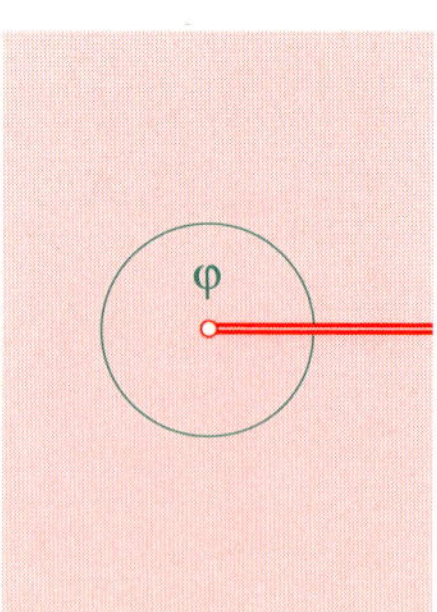

Spezielle Winkel

Nebenwinkel

$\alpha_1 + \alpha_2 = 180°$

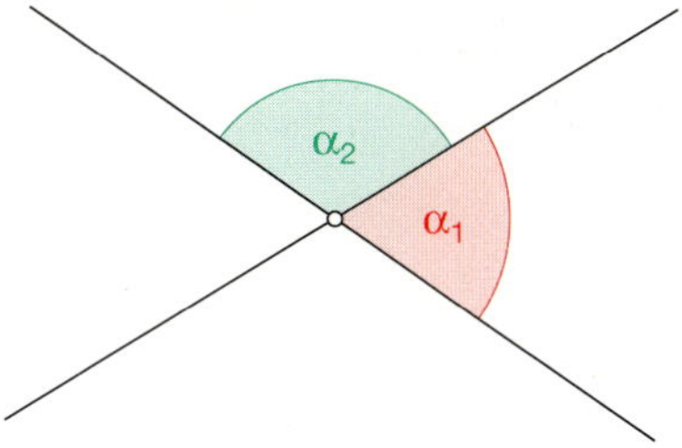

Scheitelwinkel

$\beta_1 = \beta_2$

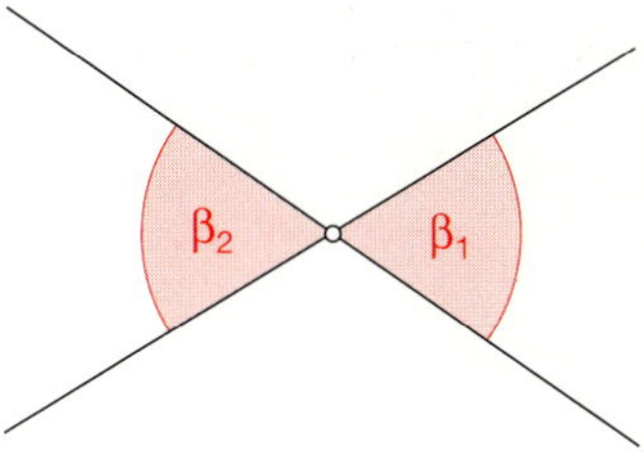

Wechselwinkel an Parallelen
(Z-Winkel)

$\gamma_1 = \gamma_2$

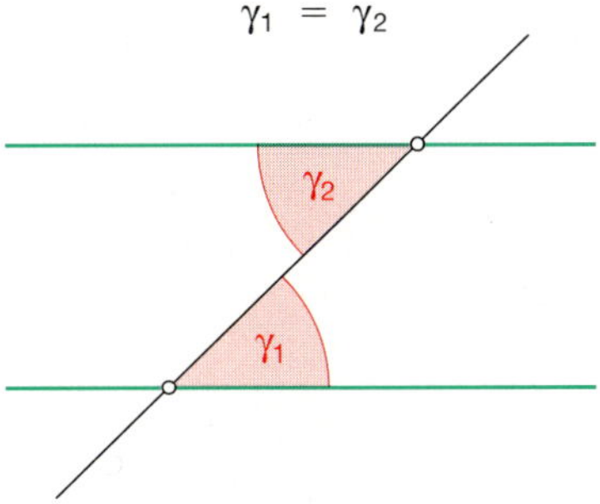

Stufenwinkel an Parallelen
(F-Winkel)

$\delta_1 = \delta_2$

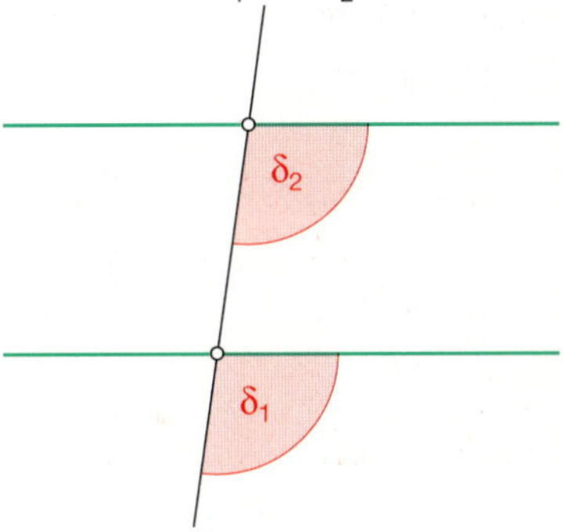

Randwinkel (Peripheriewinkel)

Alle Randwinkel über demselben Kreisbogen haben das gleiche Maß.

Mittelpunktswinkel (Zentriwinkel)

Der Mittelpunktswinkel über einem Kreisbogen hat das doppelte Maß wie ein Randwinkel über demselben Kreisbogen.
$\varepsilon = 2 \cdot \gamma$

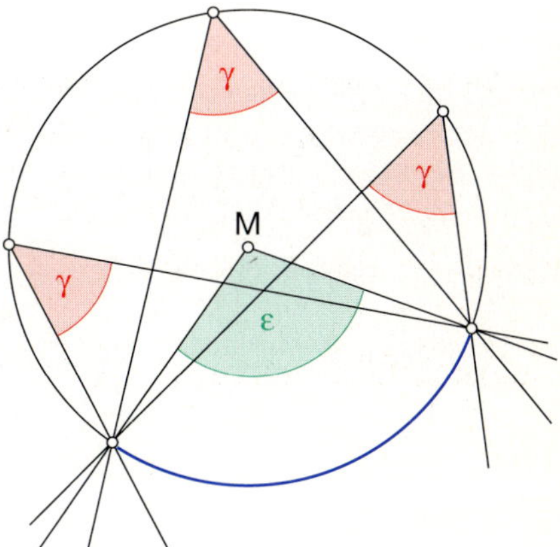

Eine geometrische Ortslinie ist eine linienhafte Punktmenge, deren Elemente alle die gleiche geometrische Eigenschaft haben.

Kreislinie k

Die Kreislinie k mit dem Mittelpunkt M und dem Radius r ist die Menge aller Punkte P, die von M die Entfernung r haben.

$k = \{P | \overline{PM} = r\}$

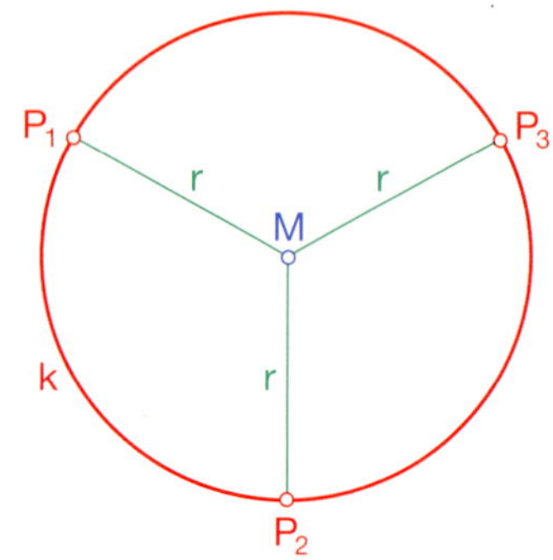

Mittelsenkrechte m

Die Mittelsenkrechte m einer Strecke [AB] ist die Menge aller Punkte P, die von den Endpunkten A und B gleich weit entfernt sind.

$m = \{P | \overline{PA} = \overline{PB}\}$

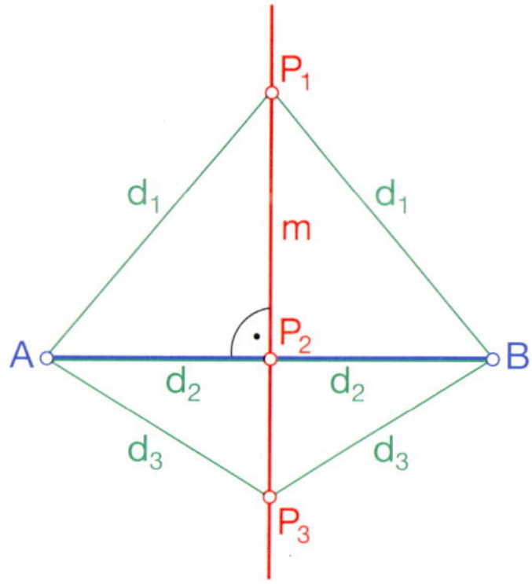

Winkelhalbierende w_1 und w_2

Die Winkelhalbierenden w_1 und w_2 zweier sich schneidender Geraden g_1 und g_2 bilden die Menge aller Punkte P, die von g_1 und g_2 gleichen Abstand haben.

$w_1 \cup w_2 = \{P | d(P; g_1) = d(P; g_2)\}$

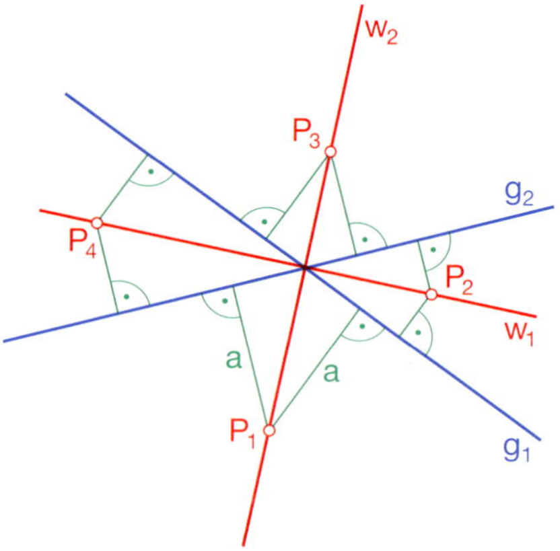

Mittelparallele p

Die Mittelparallele p zweier paralleler Geraden g_1 und g_2 ist die Menge aller Punkte P, die von g_1 und g_2 gleichen Abstand haben.

$p = \{P | d(P; g_1) = d(P; g_2)\}$

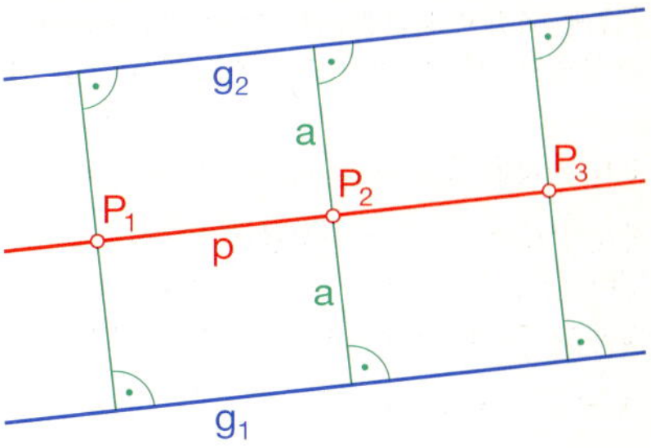

Parallelenpaar (p_1; p_2)

Das Parallelenpaar (p_1; p_2) zu einer gegebenen Geraden g im Abstand a ist die Menge aller Punkte P, die von g den Abstand a haben.

$p_1 \cup p_2 = \{P | d(P; g) = a\}$

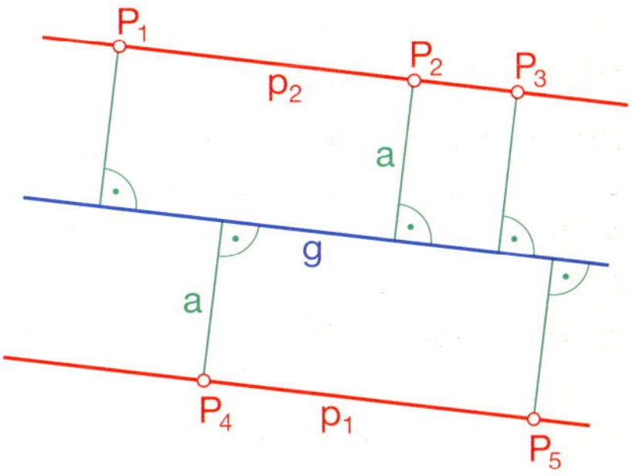

Thaleskreis

Auf der Kreislinie k mit dem Durchmesser $\overline{AB}$ liegt die Menge aller Punkte P, von denen aus die Strecke [AB] unter einem rechten Winkel erscheint.

$k = \{P | \sphericalangle APB = 90° \vee \sphericalangle BPA = 90°\}$

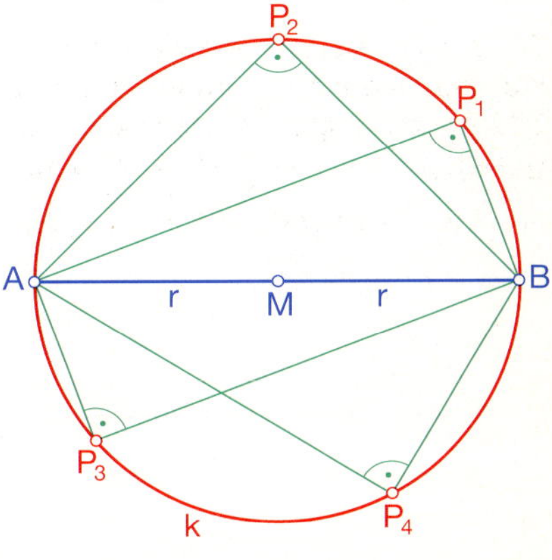

Bezeichnungen

A, B, C: Eckpunkte
a, b, c: Seitenlängen
α, β, γ: Innenwinkelmaße
$\alpha_1, \beta_1, \gamma_1$: Außenwinkelmaße

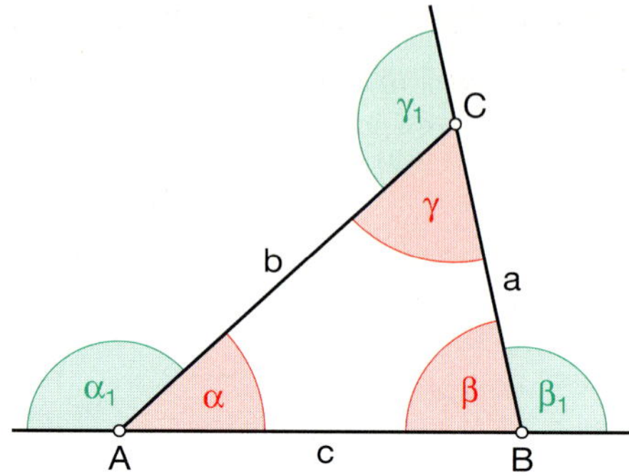

Innenwinkelsatz

$\alpha + \beta + \gamma = 180°$

Außenwinkelsatz

$\alpha_1 = \beta + \gamma$; $\beta_1 = \alpha + \gamma$; $\gamma_1 = \alpha + \beta$

Dreieckssonderformen

Gleichschenkliges Dreieck

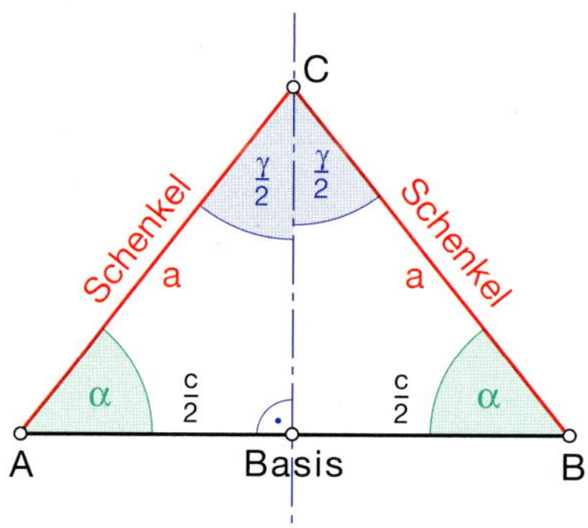

Rechtwinkliges Dreieck

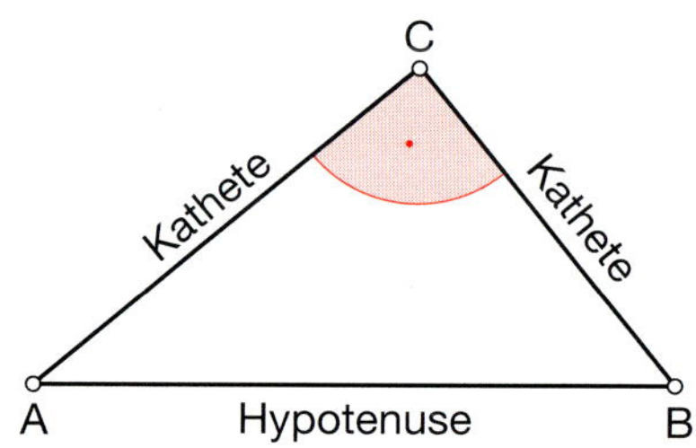

Gleichschenklig-rechtwinkliges Dreieck

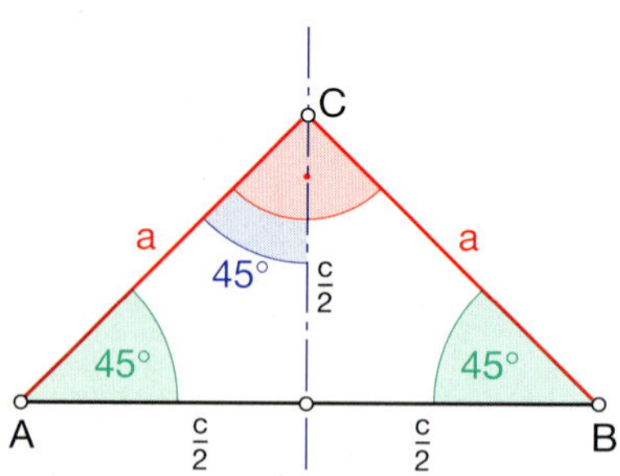

$\overline{AB} = c = a\sqrt{2}$

Gleichseitiges Dreieck

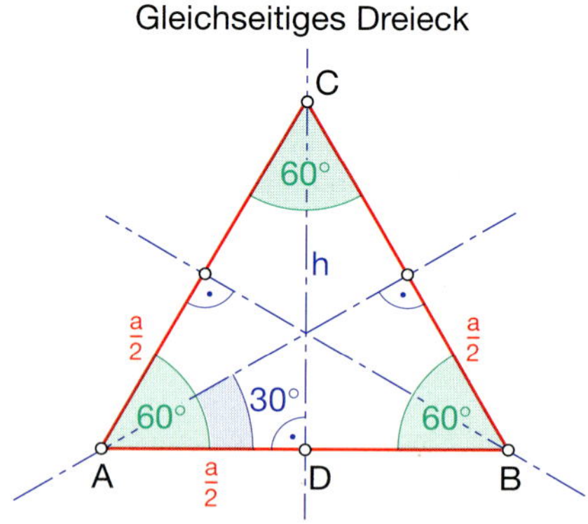

$\overline{CD} = h = \frac{a}{2}\sqrt{3}$

Beziehungen zwischen den Seiten und Winkeln

In jedem Dreieck liegt der größeren Seite auch der größere Winkel gegenüber und umgekehrt liegt dem größeren Winkel auch die größere Seite gegenüber.

Beziehungen zwischen den Seiten

In jedem Dreieck ist die Länge jeder Dreiecksseite kleiner als die Summe und größer als die Differenz der Längen der beiden anderen Dreiecksseiten.

Umkreis des Dreiecks

In jedem Dreieck schneiden sich die drei Mittelsenkrechten in einem Punkt.
Dieser Punkt ist der Mittelpunkt des Umkreises.
Für den Umkreisradius r gilt:

$$2r = \frac{a}{\sin\alpha} = \frac{b}{\sin\beta} = \frac{c}{\sin\gamma}$$

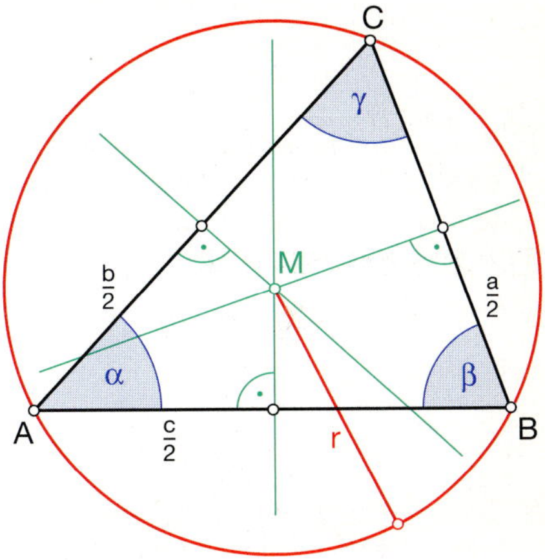

Inkreis des Dreiecks

In jedem Dreieck schneiden sich die drei Winkelhalbierenden in einem Punkt.
Dieser Punkt ist der Mittelpunkt des Inkreises.
ρ ist der Radius des Inkreises.

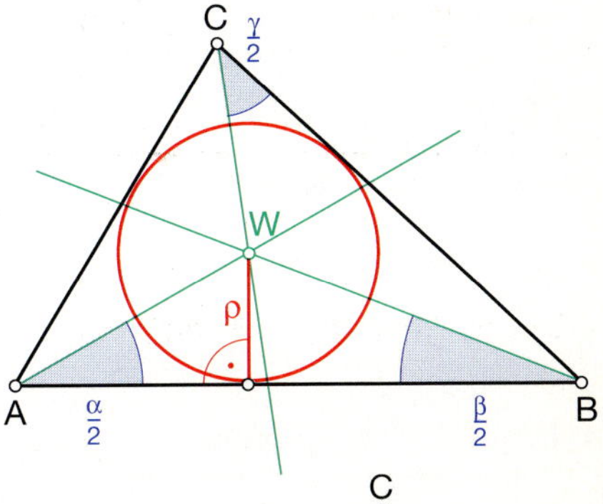

Schwerpunkt des Dreiecks

In jedem Dreieck schneiden sich die drei Seitenhalbierenden (Schwerlinien) in einem Punkt.
Dieser Punkt ist der Schwerpunkt des Dreiecks.
Er teilt jede Seitenhalbierende des Dreiecks im Verhältnis 2 : 1.

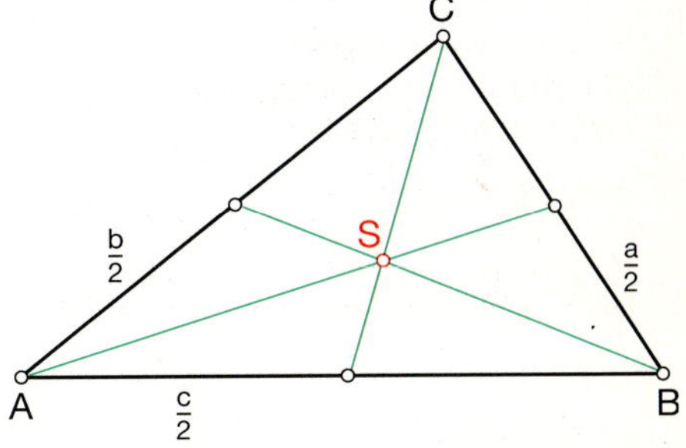

Kongruenzsätze für Dreiecke

1. Dreiecke sind kongruent, wenn sie in den Längen der drei Seiten übereinstimmen (SSS).

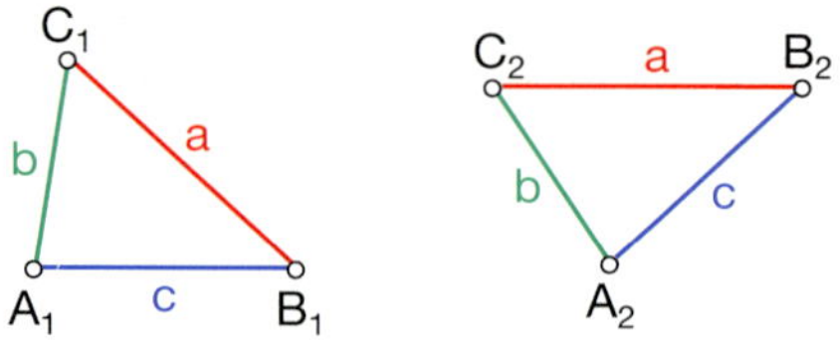

2. Dreiecke sind kongruent, wenn sie in den Längen zweier Seiten und dem Maß des eingeschlossenen Winkels übereinstimmen (SWS).

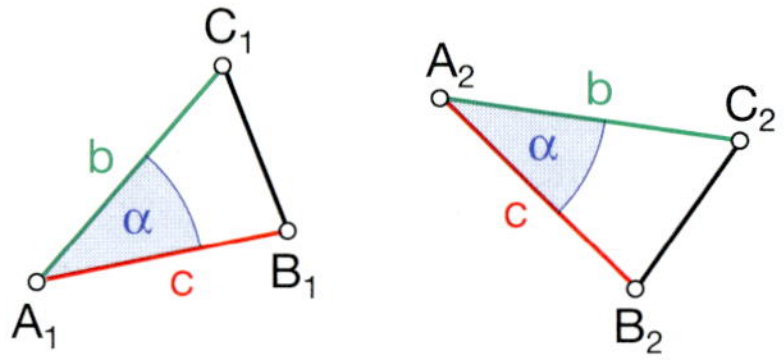

3. Dreiecke sind kongruent, wenn sie in den Längen zweier Seiten und dem Maß des Gegenwinkels der größeren der beiden Seiten übereinstimmen (SSW_g).

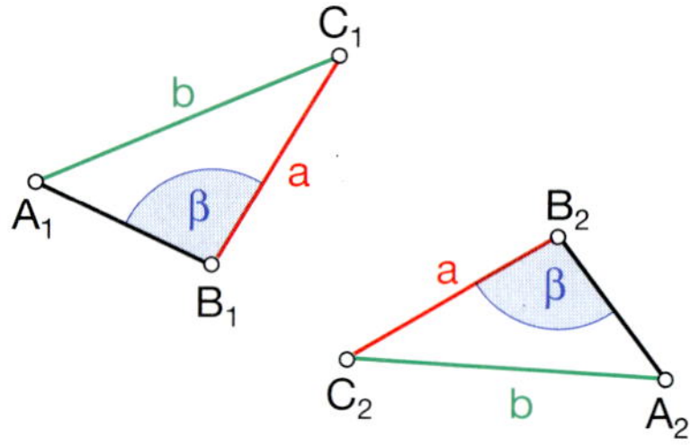

4. Dreiecke sind kongruent, wenn sie in der Länge einer Seite und den Maßen von zwei jeweils gleichliegenden Winkeln übereinstimmen (WSW bzw. SWW).

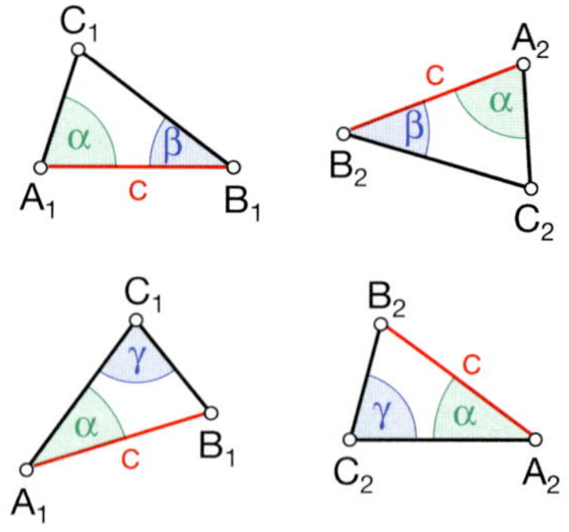

GEO

Ähnlichkeitssätze für Dreiecke

1. Dreiecke sind ähnlich, wenn sie im Verhältnis der Längen entsprechender Seiten übereinstimmen.
$\frac{a_1}{a_2} = \frac{b_1}{b_2} = \frac{c_1}{c_2}$

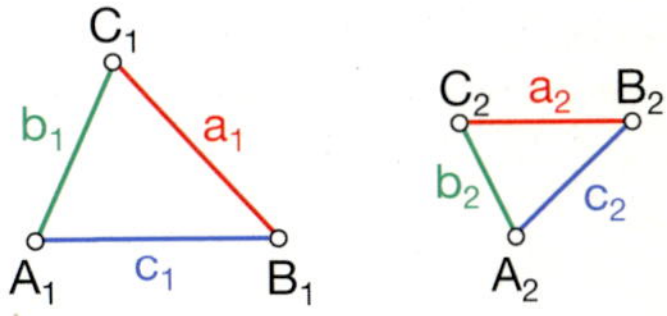

2. Dreiecke sind ähnlich, wenn sie im Verhältnis der Längen zweier Seiten und im Maß des eingeschlossenen Winkels übereinstimmen.
$\frac{b_1}{b_2} = \frac{c_1}{c_2}$; $\alpha_1 = \alpha_2$

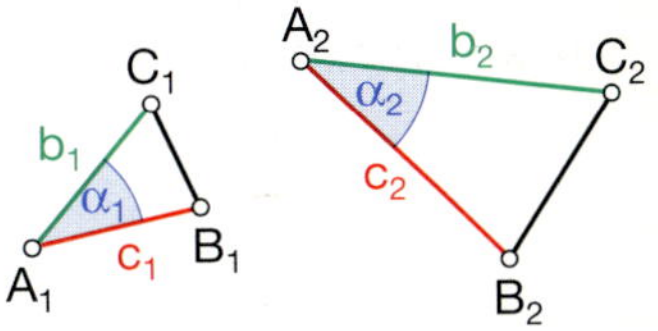

3. Dreiecke sind ähnlich, wenn sie im Verhältnis der Längen zweier Seiten und im Maß des Gegenwinkels der größeren der beiden Seiten übereinstimmen.
$\frac{a_1}{a_2} = \frac{b_1}{b_2}$; $\beta_1 = \beta_2$

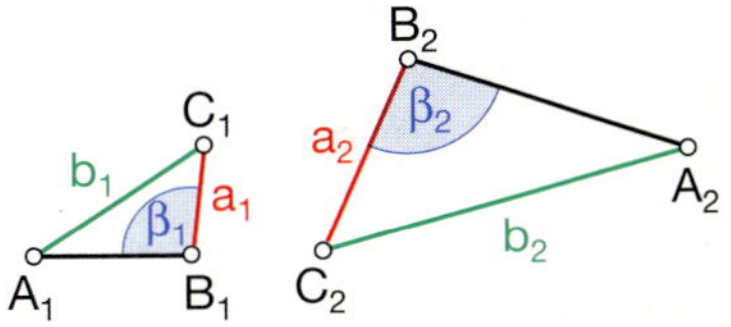

4. Dreiecke sind ähnlich, wenn sie in den Maßen von zwei Winkeln übereinstimmen.
$\alpha_1 = \alpha_2$; $\gamma_1 = \gamma_2$

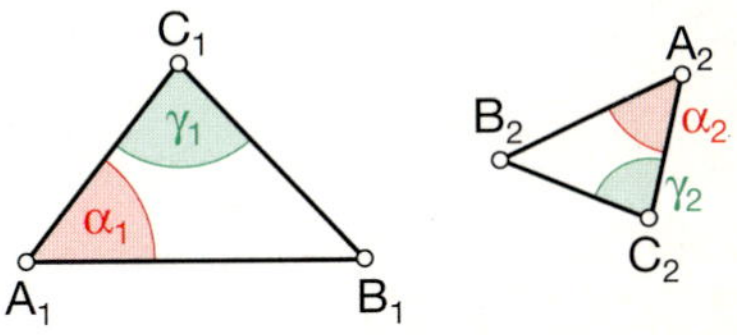

Vierstreckensatz

Werden zwei sich schneidende Geraden von zwei Parallelen in vier Punkten geschnitten, so gilt:

1. Die Längen zweier Strecken auf der einen Geraden verhalten sich wie die Längen der entsprechenden Strecken auf der anderen Geraden.

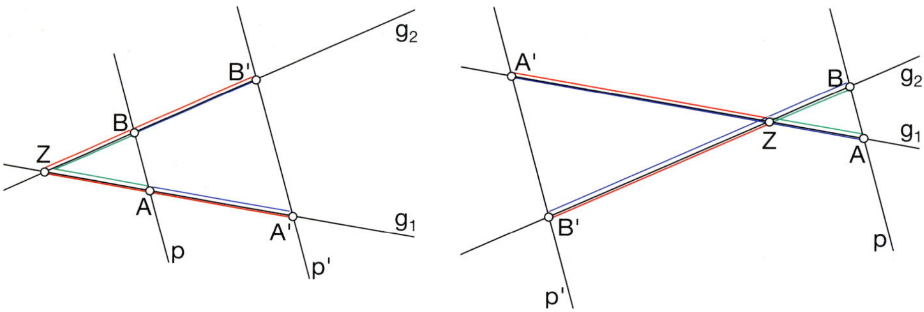

$$\overline{ZA'} : \overline{ZA} = \overline{ZB'} : \overline{ZB}$$

$$\overline{ZA} : \overline{AA'} = \overline{ZB} : \overline{BB'}$$

2. Die Längen der Strecken auf den Parallelen verhalten sich wie die vom Geradenschnittpunkt aus gemessenen Längen der entsprechenden Strecken auf jeder der sich schneidenden Geraden.

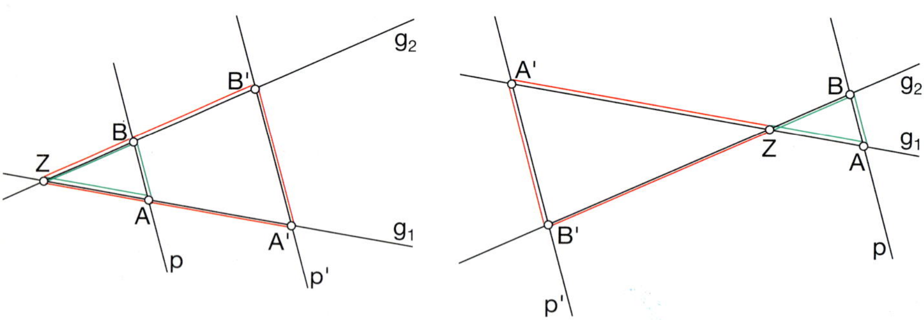

$$\overline{A'B'} : \overline{AB} = \overline{ZA'} : \overline{ZA}$$

$$\overline{A'B'} : \overline{AB} = \overline{ZB'} : \overline{ZB}$$

Sätze am Kreis

Sehnensatz

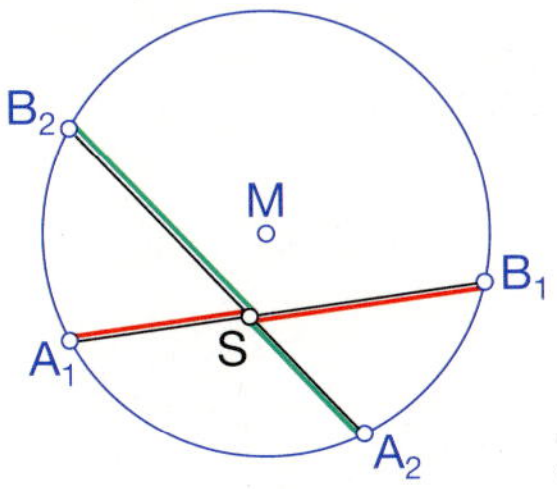

$\overline{SA_1} \cdot \overline{SB_1} = \overline{SA_2} \cdot \overline{SB_2}$

Sekantensatz

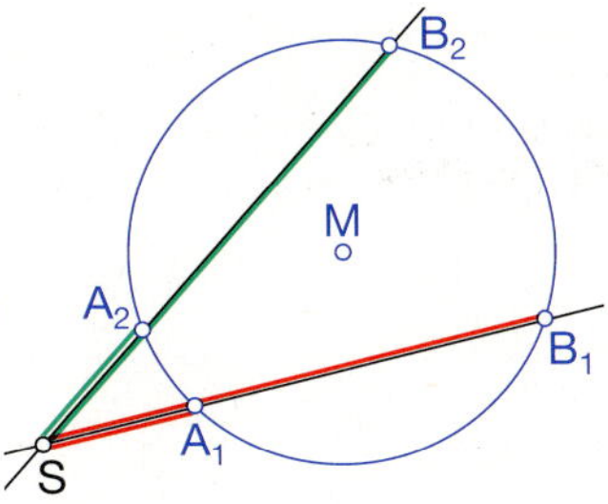

$\overline{SA_1} \cdot \overline{SB_1} = \overline{SA_2} \cdot \overline{SB_2}$

Sekanten-Tangentensatz

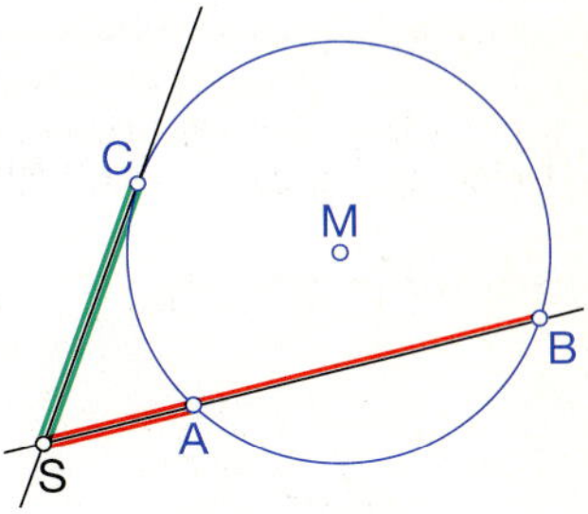

$\overline{SA} \cdot \overline{SB} = \overline{SC}^2$

Sätze am rechtwinkligen Dreieck

Kathetensatz

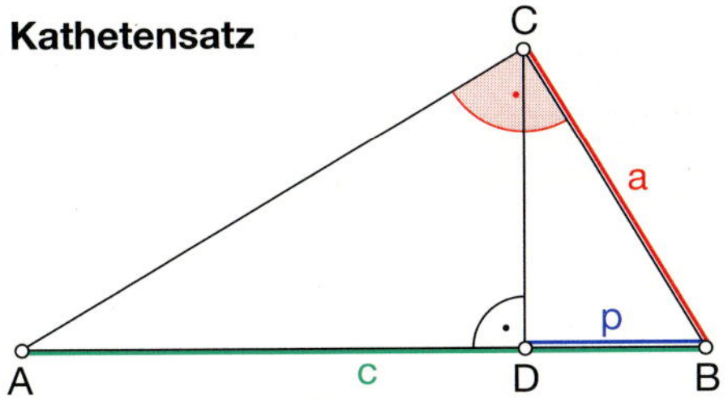

$a^2 = c \cdot p$

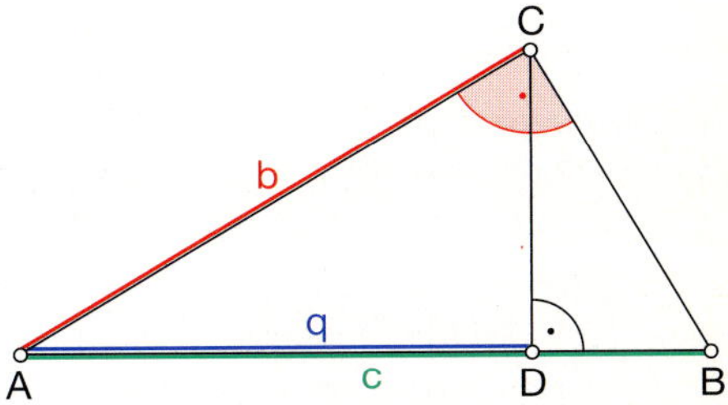

$b^2 = c \cdot q$

Höhensatz

$h^2 = p \cdot q$

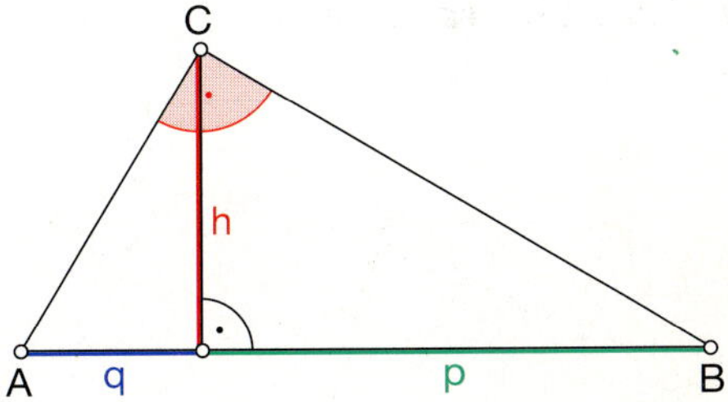

Satz des Pythagoras

$a^2 + b^2 = c^2$

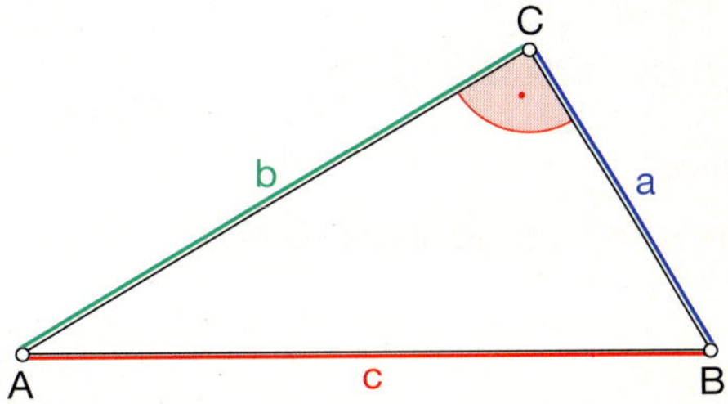

Bezeichnungen

A, B, C, D:	Eckpunkte
a, b, c, d:	Seitenlängen
e, f:	Diagonalenlängen
$\alpha, \beta, \gamma, \delta$:	Innenwinkelmaße

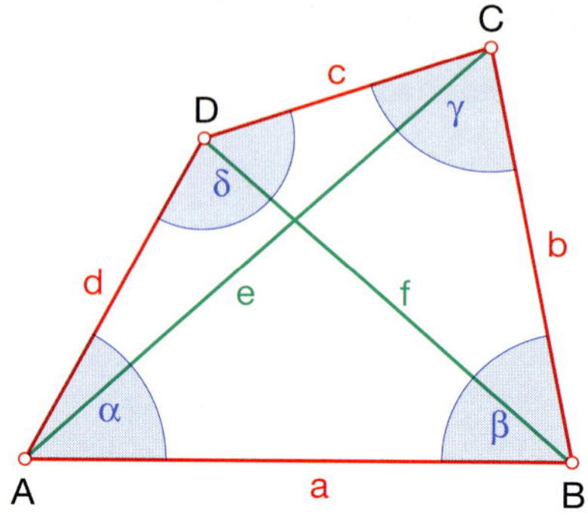

Innenwinkelsatz

$\alpha + \beta + \gamma + \delta = 360°$

Vierecksformen

Konvexe Vierecke

Beide Diagonalen verlaufen im Viereck.

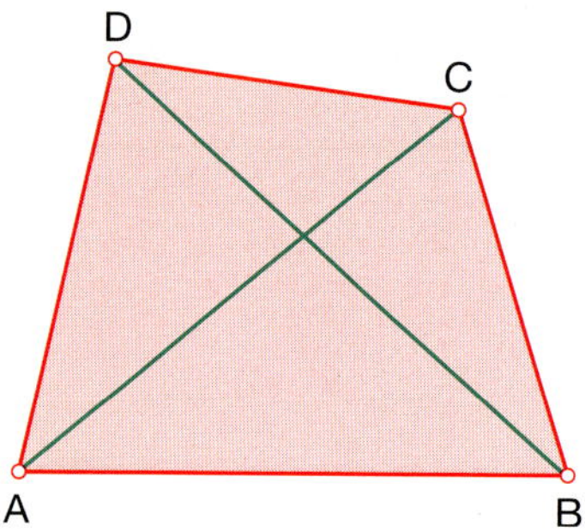

Nichtkonvexe Vierecke

Eine Diagonale verläuft außerhalb des Vierecks.

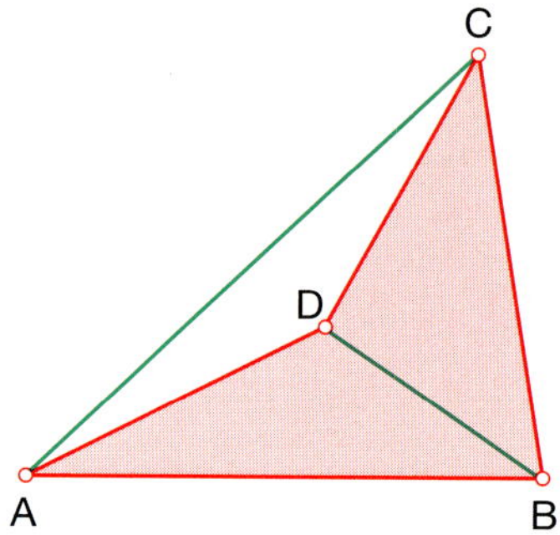

Viereckssonderform

Trapez

Viereck mit zwei parallelen Seiten

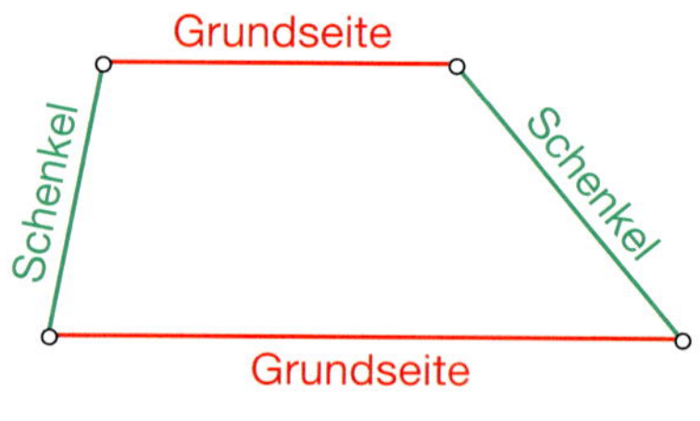

Symmetrische Vierecke

Gleichschenkliges Trapez

Achsensymmetrisches Viereck

Eigenschaften:

1. $\overline{AD} = \overline{BC}$
2. $\alpha = \beta$ und $\gamma = \delta$
3. $\overline{AC} = \overline{BD}$
4. k ist Umkreis.

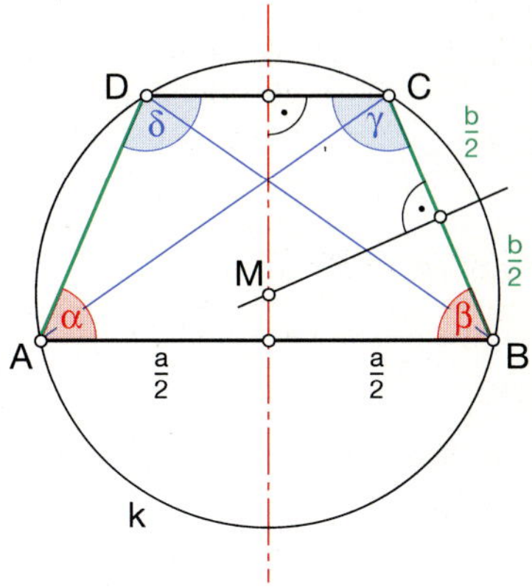

Drachenviereck

Achsensymmetrisches Viereck

Eigenschaften:

1. $\overline{AB} = \overline{BC}$ und $\overline{CD} = \overline{DA}$
2. $\alpha = \gamma$
3. [BD] halbiert [AC] und [BD] $\perp$ [AC]
4. k ist Inkreis.

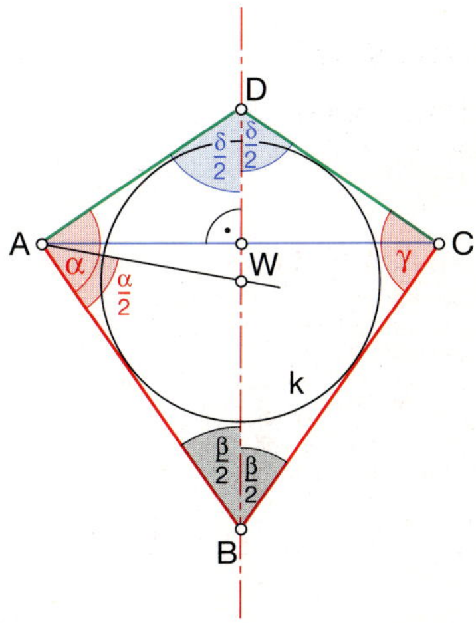

Parallelogramm

Punktsymmetrisches Viereck

Eigenschaften:

1. [AB] ∥ [CD] und $\overline{AB} = \overline{CD}$
   [BC] ∥ [DA] und $\overline{BC} = \overline{DA}$
2. $\alpha = \gamma$ und $\beta = \delta$
3. $\overline{AZ} = \overline{CZ}$ und $\overline{BZ} = \overline{DZ}$

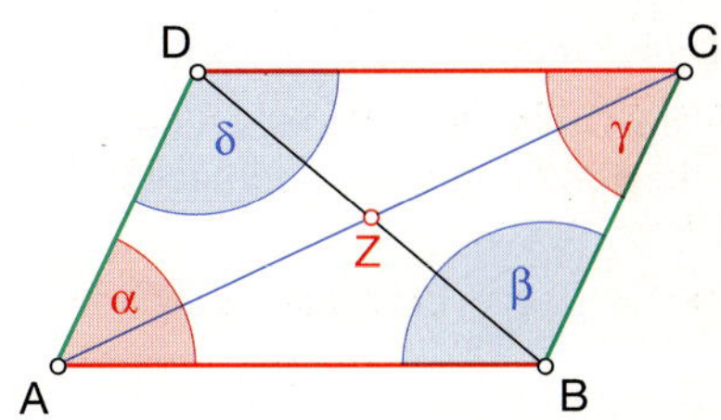

GEO

Symmetrische Vierecke

Raute

Punkt- und achsensymmetrisches Viereck

Eigenschaften:

1. Die Raute besitzt alle Eigenschaften des Parallelogramms.
2. $\overline{AB} = \overline{BC} = \overline{CD} = \overline{DA}$
3. $[AC] \perp [BD]$
4. Die Diagonalen halbieren die Winkel.
5. k ist Inkreis.

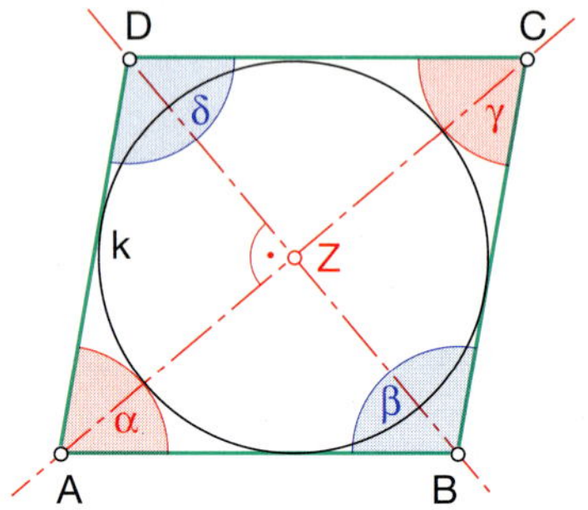

Rechteck

Punkt- und achsensymmetrisches Viereck

Eigenschaften:

1. Das Rechteck besitzt alle Eigenschaften des Parallelogramms.
2. Jeder Innenwinkel ist ein rechter Winkel.
3. $\overline{AC} = \overline{BD}$
4. $e = \sqrt{a^2 + b^2}$
5. k ist Umkreis.

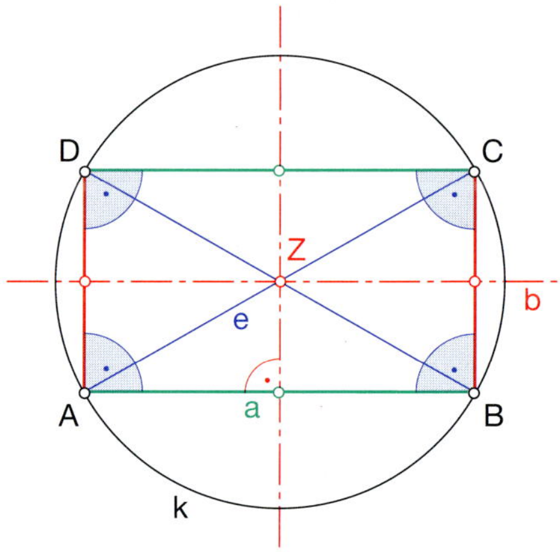

Quadrat

Punkt- und achsensymmetrisches Viereck

Eigenschaften:

1. Das Quadrat besitzt alle Eigenschaften der Raute und des Rechtecks.
2. $e = a\sqrt{2}$
3. k_1 ist Inkreis.
4. k_2 ist Umkreis.

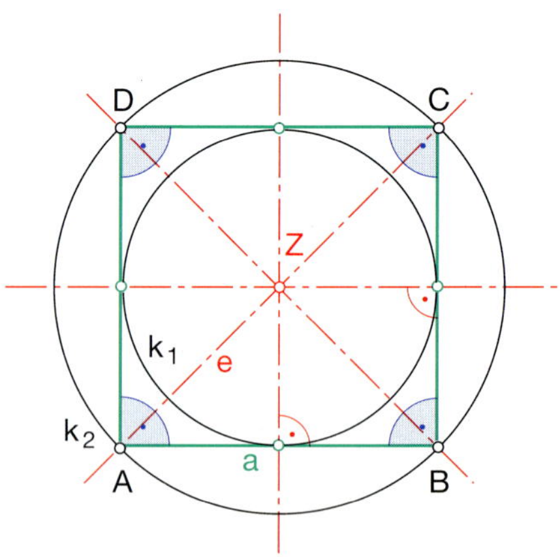

Sekante

Gerade, die eine Kreislinie
in zwei Punkten schneidet.

$g \cap k = \{A; B\}$

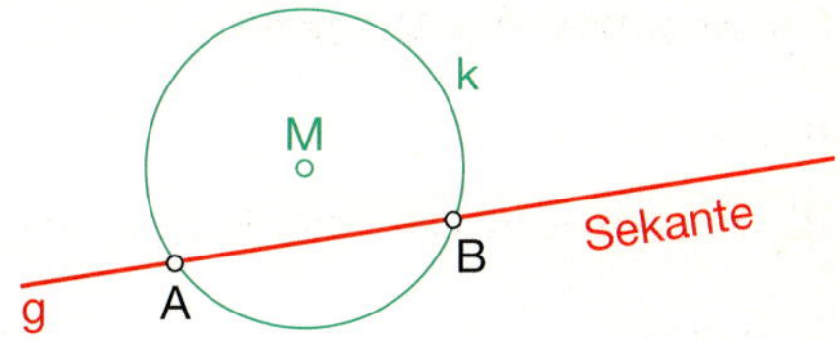

Zentrale

Sekante, die durch den Mittelpunkt M
eines Kreises verläuft.

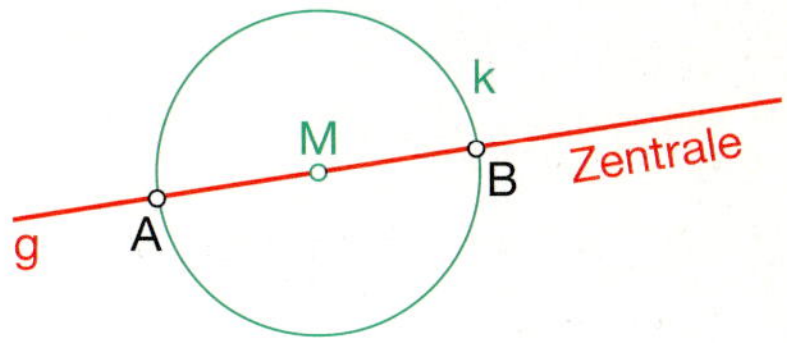

Tangente

Gerade, die eine Kreislinie
in einem Punkt berührt.
Die Tangente steht senkrecht auf
der Zentralen durch den Berührpunkt.

$g \cap k = \{B\}$

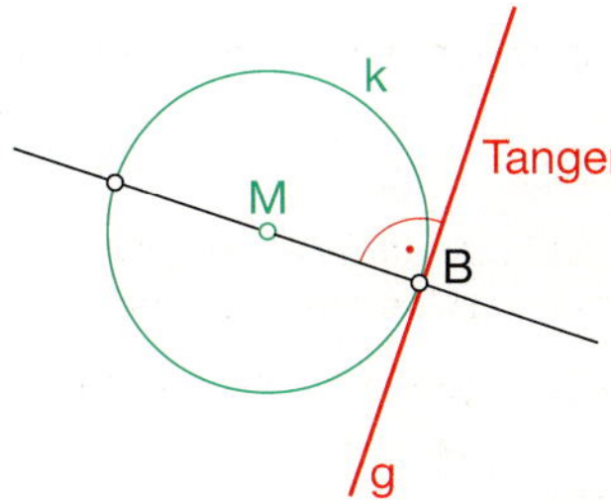

Passante

Gerade, die eine Kreislinie meidet.

$g \cap k = \emptyset$

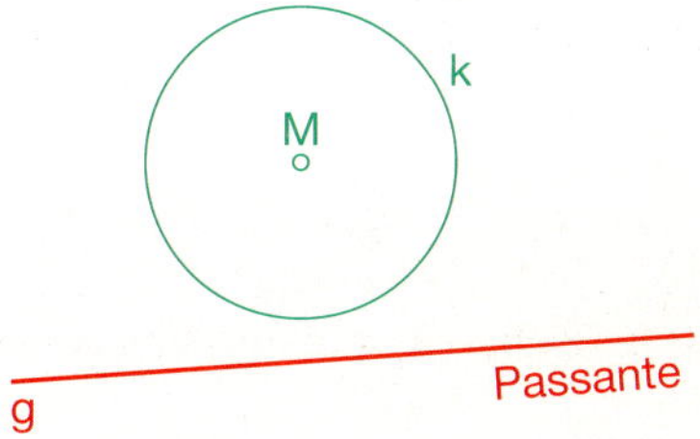

Sehne

Die von einer Kreislinie aus einer
Sekante ausgeschnittene Strecke [AB].

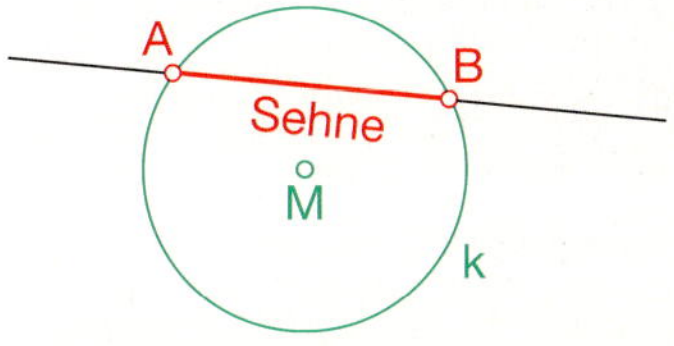

GEO

Flächeninhalt des Dreiecks

1. Berechnung aus einer Seitenlänge und der zugehörigen Höhe

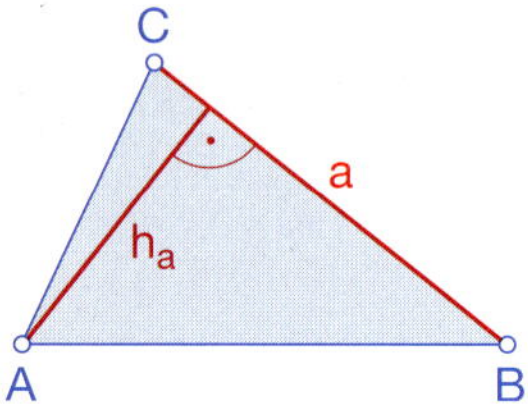

$A = \frac{1}{2} \cdot a \cdot h_a$

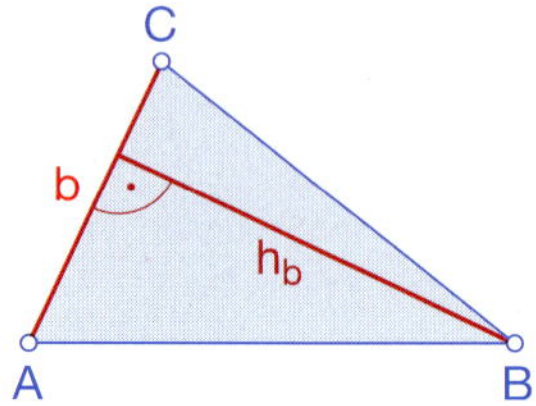

$A = \frac{1}{2} \cdot b \cdot h_b$

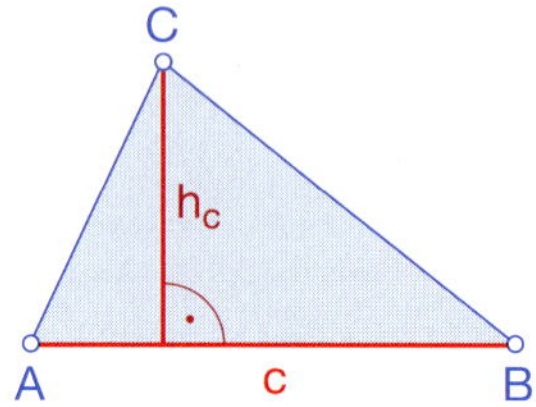

$A = \frac{1}{2} \cdot c \cdot h_c$

2. Berechnung aus zwei Seitenlängen und dem Maß des eingeschlossenen Winkels

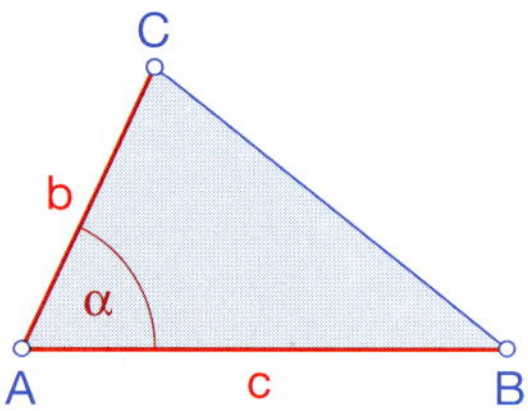

$A = \frac{1}{2} \cdot b \cdot c \cdot \sin\alpha$

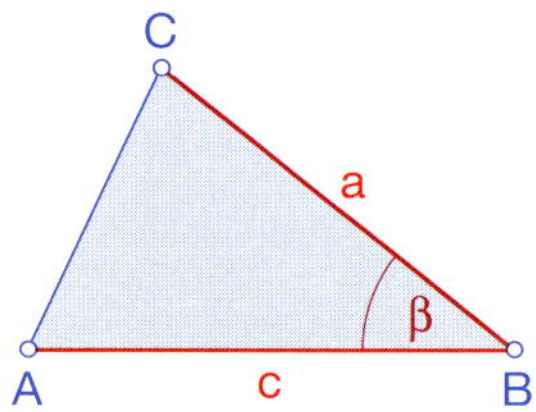

$A = \frac{1}{2} \cdot a \cdot c \cdot \sin\beta$

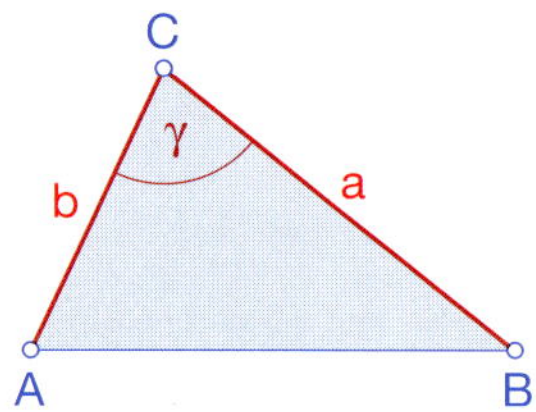

$A = \frac{1}{2} \cdot a \cdot b \cdot \sin\gamma$

3. Berechnung aus den Koordinaten der Eckpunkte

$$A = \frac{1}{2} \cdot \begin{vmatrix} x_B - x_A & x_C - x_A \\ y_B - y_A & y_C - y_A \end{vmatrix} \text{FE}$$

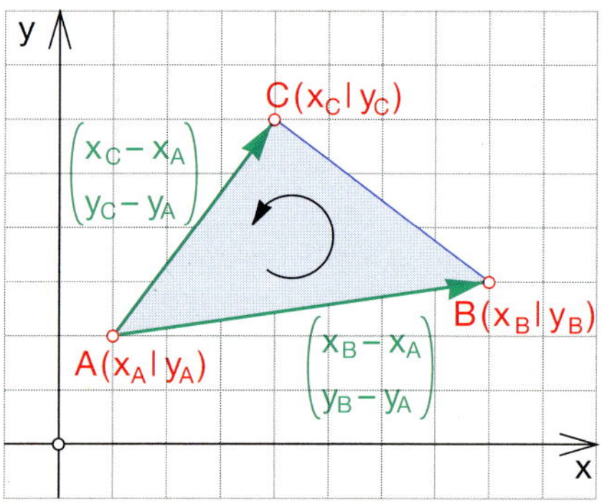

Flächeninhalt des gleichseitigen Dreiecks

$$A = \frac{a^2}{4} \cdot \sqrt{3}$$

$$h = \frac{a}{2} \cdot \sqrt{3}$$

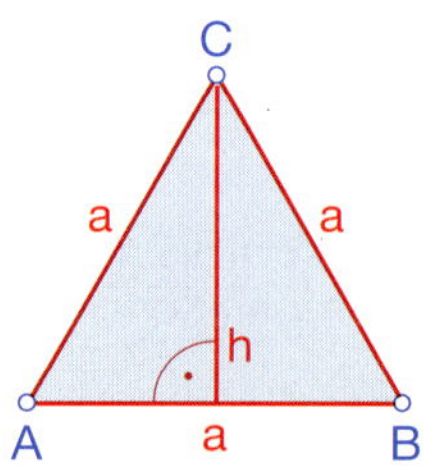

Flächeninhalt des Parallelogramms

$A = a \cdot h_a$
$A = b \cdot h_b$

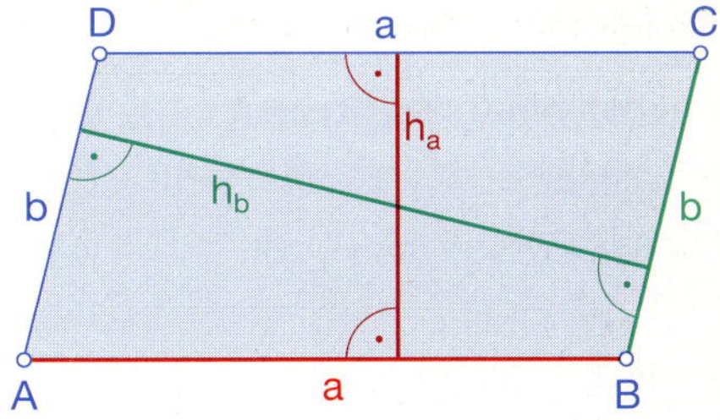

Flächeninhalt der Raute

$A = \frac{1}{2} \cdot e \cdot f$

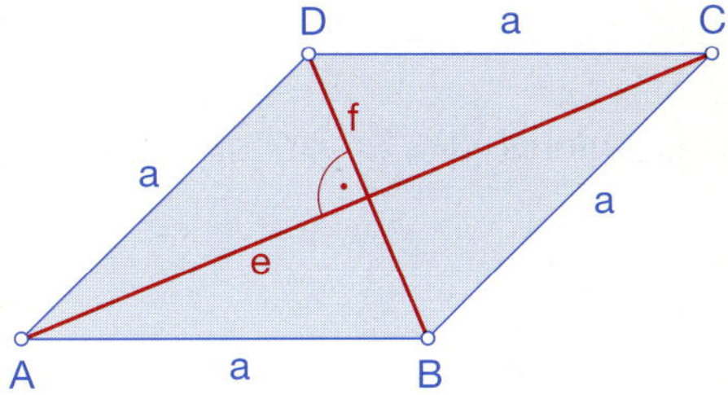

Flächeninhalt des Rechtecks

$A = a \cdot b$

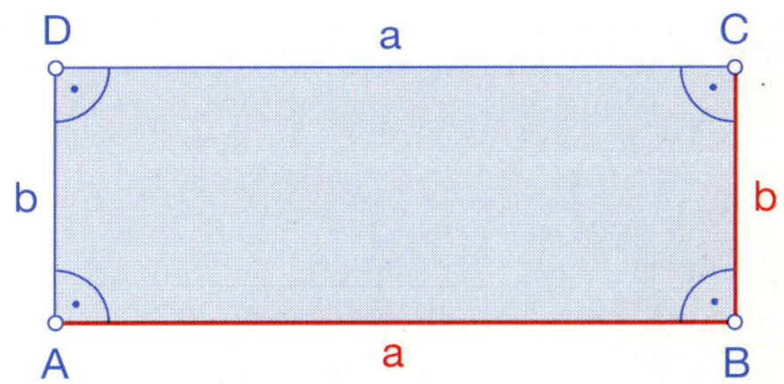

Flächeninhalt des Quadrats

$A = a^2$

$A = \frac{1}{2} \cdot d^2$

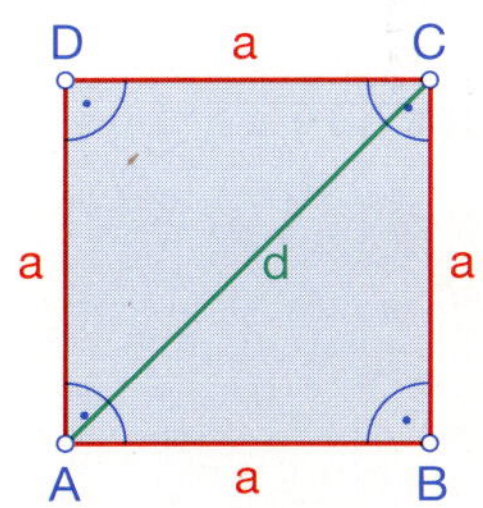

Flächeninhalt des Trapezes

$A = \frac{1}{2} \cdot (a + c) \cdot h$

$A = m \cdot h$

$m = \frac{1}{2} \cdot (a + c)$

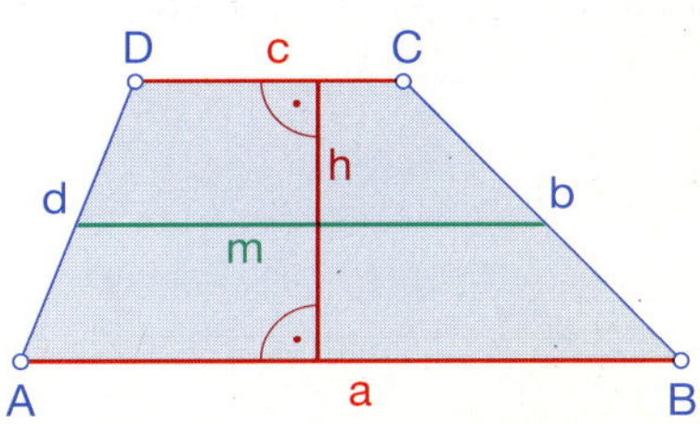

Flächeninhalt des Kreises

$A = r^2 \cdot \pi$

Für den Kreisumfang u gilt:
$u = 2 \cdot r \cdot \pi$

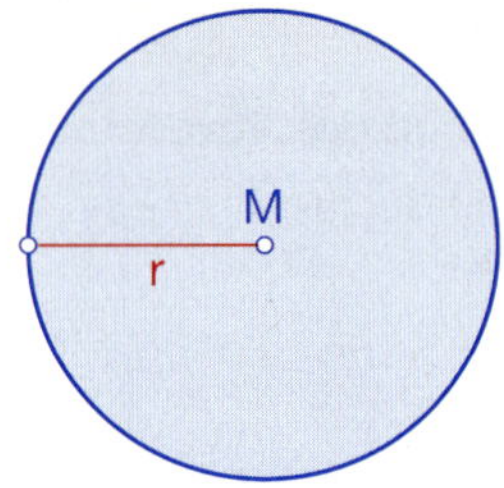

Flächeninhalt des Kreisrings

$A = \left(r_1^2 - r_2^2\right) \cdot \pi$

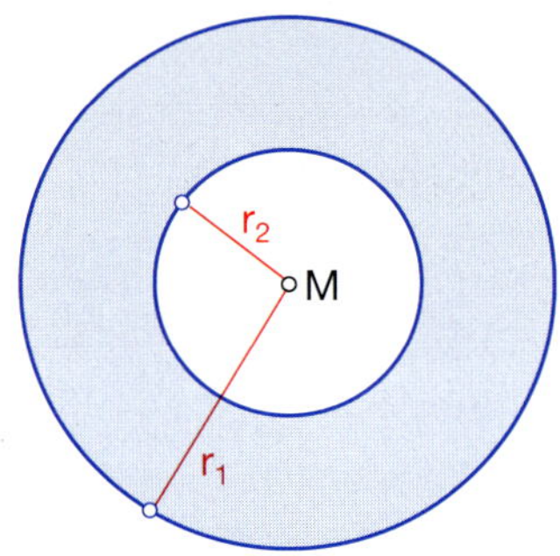

Flächeninhalt des Kreissektors

$$A = \frac{r^2 \cdot \pi \cdot \alpha}{360°}$$

$$A = \frac{1}{2} \cdot b \cdot r$$

Für die Bogenlänge b des Kreisbogens $\overset{\frown}{AB}$ gilt:

$$b = \frac{2 \cdot r \cdot \pi \cdot \alpha}{360°}$$

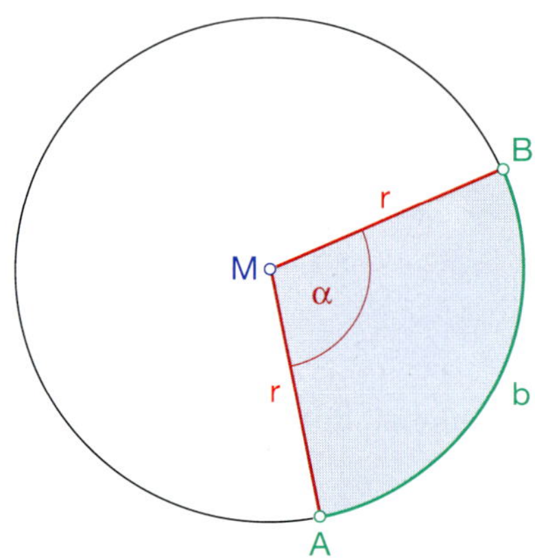

Flächeninhalt des Kreissegments

$A = A_{Sektor} - A_{Dreieck}$

$$A = \frac{r^2 \cdot \pi \cdot \alpha}{360°} - \frac{r^2 \cdot \sin\alpha}{2}$$

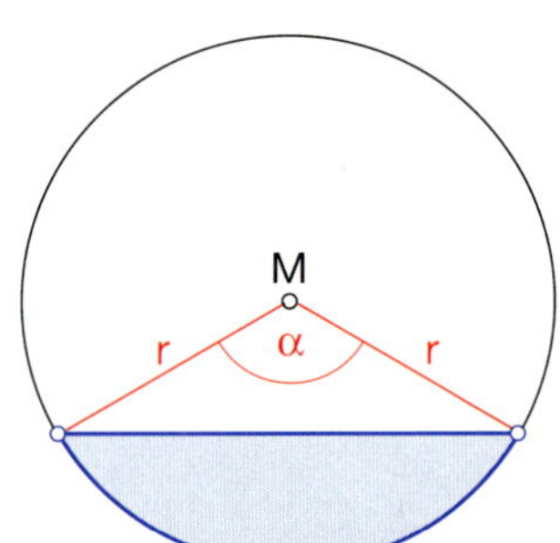

Bezeichnungen

V: Volumen (Rauminhalt)
M: Mantelflächeninhalt
G: Grundflächeninhalt
O: Oberflächeninhalt

Gerades Prisma

$V = G \cdot h$

$M = u \cdot h$
Dabei ist u der Umfang der Grundfläche.

$O = 2 \cdot G + M$

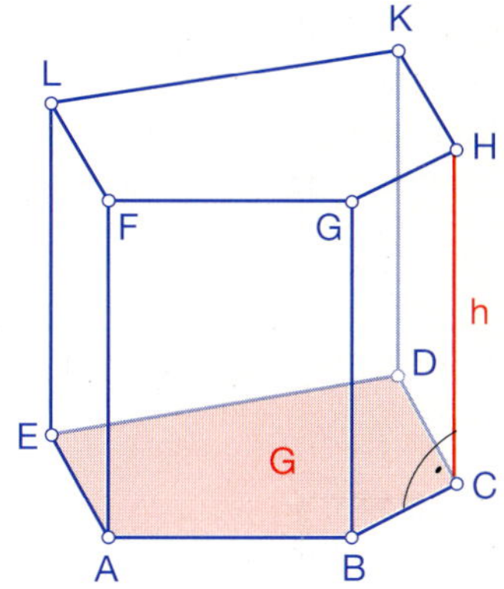

Sonderformen

Quader

$V = a \cdot b \cdot c$

$M = 2 \cdot (a + b) \cdot c$

$O = 2 \cdot (a \cdot b + b \cdot c + a \cdot c)$

$d = \sqrt{a^2 + b^2 + c^2}$

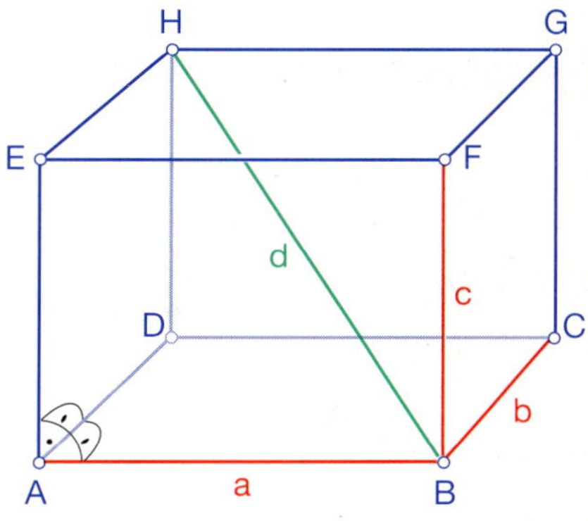

Würfel

$V = a^3$

$M = 4 \cdot a^2$

$O = 6 \cdot a^2$

$d = a \cdot \sqrt{3}$

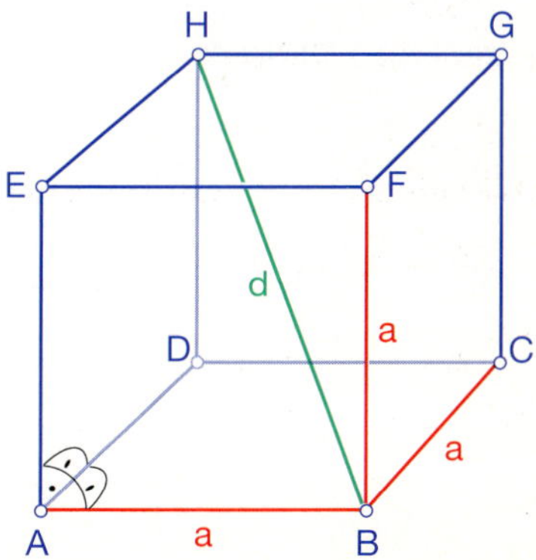

Pyramide

$V = \frac{1}{3} \cdot G \cdot h$

$M = A_1 + A_2 + \ldots + A_n$
Dabei sind $A_1, A_2, \ldots, A_n$ die Flächeninhalte der Seitenflächen.

$O = G + M$

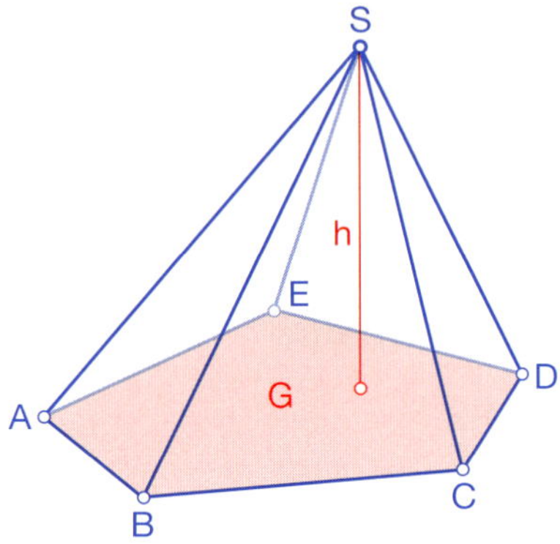

Sonderformen

Regelmäßiges Tetraeder

$V = \frac{a^3}{12} \cdot \sqrt{2}$

$M = \frac{3a^2}{4} \cdot \sqrt{3}$

$O = a^2 \cdot \sqrt{3}$

$h = \frac{a}{3} \cdot \sqrt{6}$

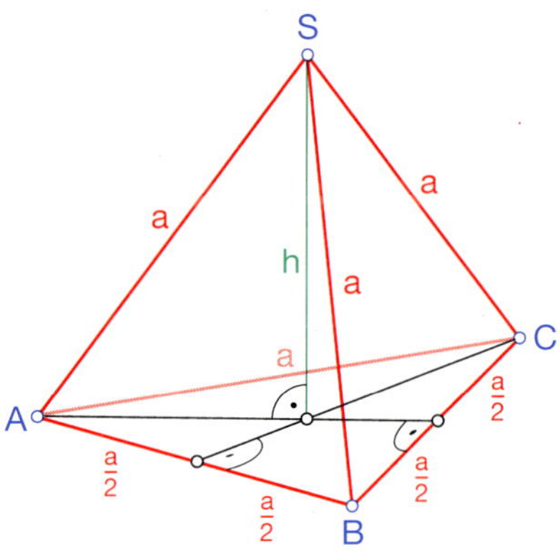

Regelmäßiges Oktaeder

$V = \frac{a^3}{3} \cdot \sqrt{2}$

$O = 2 \cdot a^2 \cdot \sqrt{3}$

$h = \frac{a}{2} \cdot \sqrt{2}$

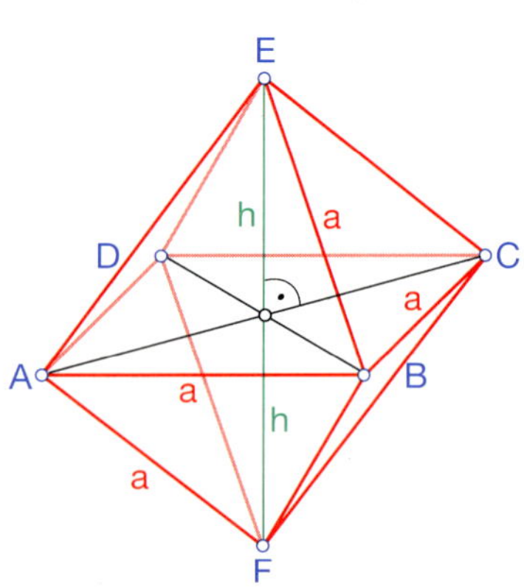

Gerader Kreiszylinder

$V = r^2 \cdot \pi \cdot h$

$M = 2 \cdot r \cdot \pi \cdot h$

$O = 2 \cdot r \cdot \pi \cdot (r + h)$

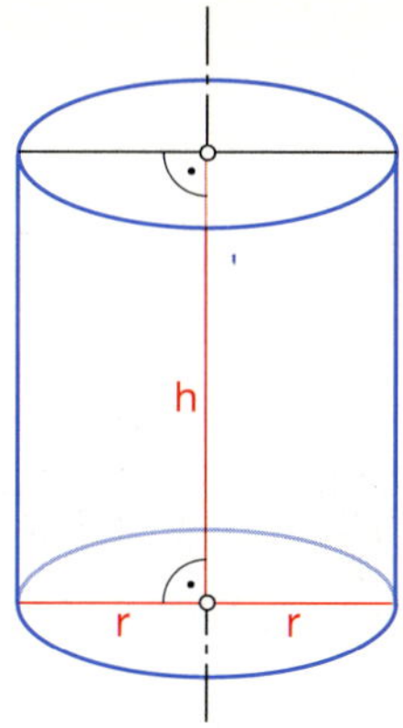

Gerader Kreiskegel

$V = \frac{1}{3} \cdot r^2 \cdot \pi \cdot h$

$M = r \cdot \pi \cdot s = \frac{s^2 \cdot \pi \cdot \alpha}{360°}$

$O = r \cdot \pi \cdot (r + s)$

$s = \sqrt{r^2 + h^2}$

$b = 2 \cdot r \cdot \pi$

$\alpha = \frac{r}{s} \cdot 360°$

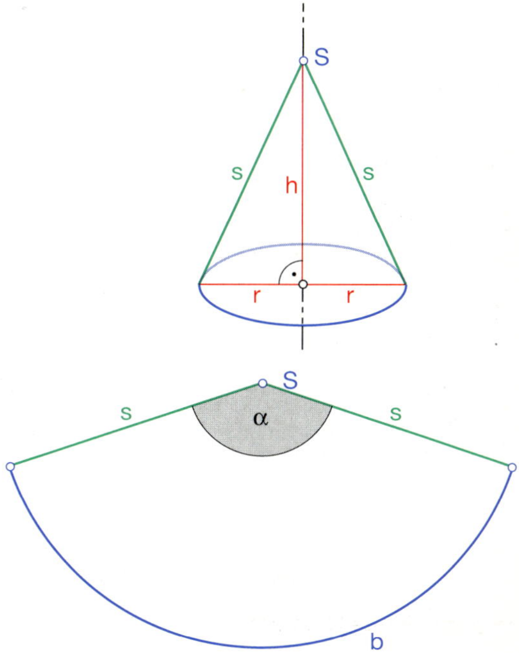

Kugel

$V = \frac{4}{3} \cdot r^3 \cdot \pi$

$O = 4 \cdot r^2 \cdot \pi$

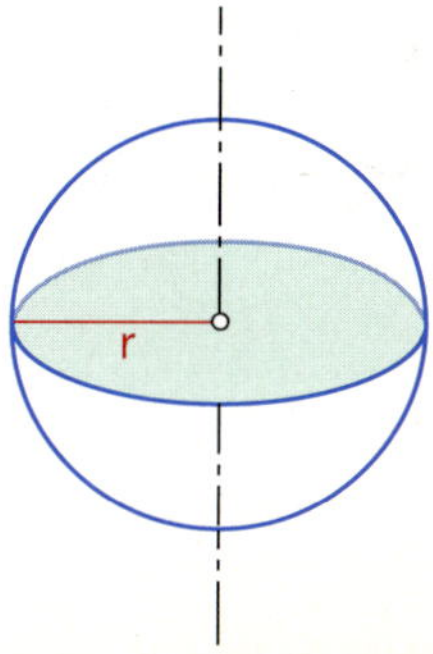

Für das Zeichnen des Schrägbildes eines Körpers gelten folgende Gesetze:

1. Strecken, die parallel zur Zeichenebene verlaufen, werden in gleicher Richtung und wahrer Länge gezeichnet.
   (Hier: [AB], [CD], [EF], [GH], [AE], [BF], [CG], [DH])
2. Strecken, die senkrecht zur Zeichenebene verlaufen, werden im Maßstab q (z. B. $q = \frac{1}{2}$) verkürzt. Diese Strecken bilden mit der Richtung der Schrägbildachse einen Winkel mit dem Maß ω (z. B. $\omega = 45°$).
   (Hier: [AD], [BC], [EH], [FG])

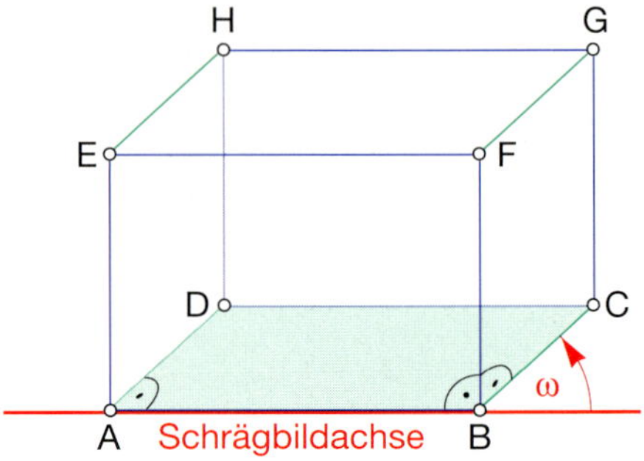

Beispiel für das Zeichnen eines Schrägbildes:

Bei einer Pyramide ABCDS mit quadratischer Grundfläche ABCD befindet sich die Spitze S senkrecht über dem Schnittpunkt M der Diagonalen der Grundfläche.
Es soll ein Schrägbild mit $q = \frac{1}{2}$ und $\omega = 45°$ gezeichnet werden, wenn die Länge $\overline{AB}$ der Grundkante und die Höhe $\overline{MS}$ der Pyramide gegeben sind.

Schritt 1: Schrägbildachse zeichnen.

Schritt 2: Grundfläche des Schrägbildes zeichnen.
[AB] auf die Schrägbildachse legen.
[AB] in wahrer Länge zeichnen.
[AD] und [BC] im Maßstab $q = \frac{1}{2}$ verkürzen; $\omega = 45°$.

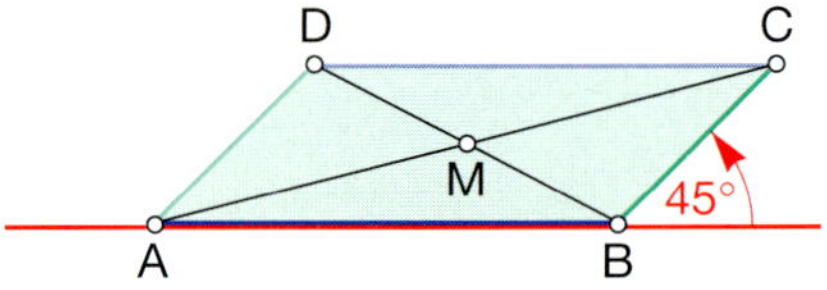

Schritt 3: [MS] in wahrer Länge senkrecht zur Richtung der Schrägbildachse zeichnen.

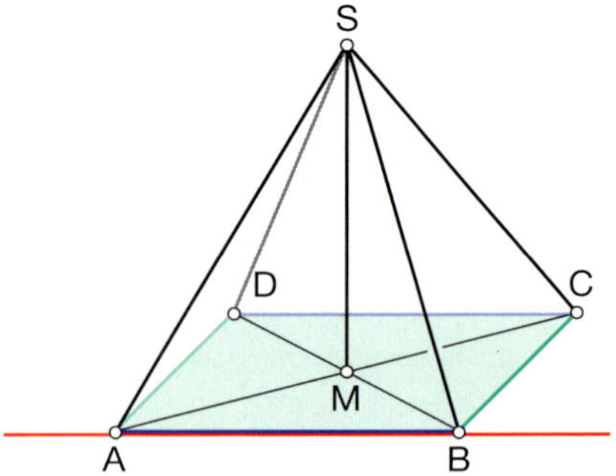

Winkel zwischen Gerade und Ebene

Schneidet eine Gerade g eine Ebene $\mathbb{E}$ in einem Punkt S, so legt man durch g eine Ebene $\mathbb{E}'$, die auf der Ebene $\mathbb{E}$ senkrecht steht. Die Ebene $\mathbb{E}'$ schneidet die Ebene $\mathbb{E}$ in der Geraden g'. Der spitze (oder rechte) Winkel, den die beiden Geraden g und g' miteinander bilden, wird als Winkel zwischen der Geraden g und der Ebene $\mathbb{E}$ bezeichnet.

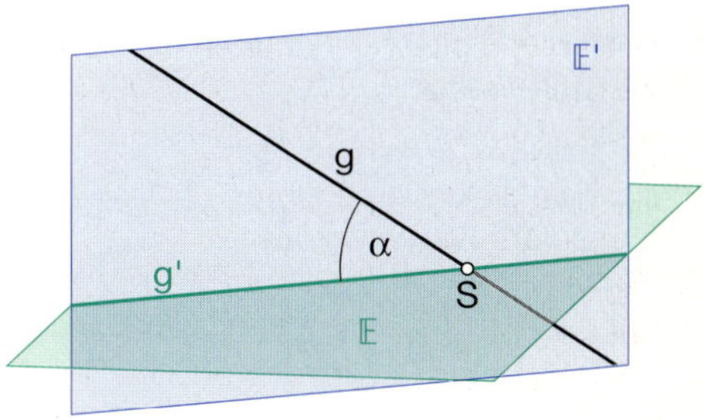

Winkel zwischen zwei Ebenen

Schneiden sich zwei Ebenen $\mathbb{E}_1$ und $\mathbb{E}_2$ in einer Geraden g, so legt man eine beliebige, zu g senkrechte Ebene $\mathbb{E}'$ fest. Die Ebene $\mathbb{E}'$ schneidet die Ebenen $\mathbb{E}_1$ und $\mathbb{E}_2$ in den Geraden g_1 und g_2.
Der spitze (oder rechte) Winkel, den die beiden Geraden g_1 und g_2 miteinander bilden, wird als Winkel zwischen den Ebenen $\mathbb{E}_1$ und $\mathbb{E}_2$ bezeichnet.

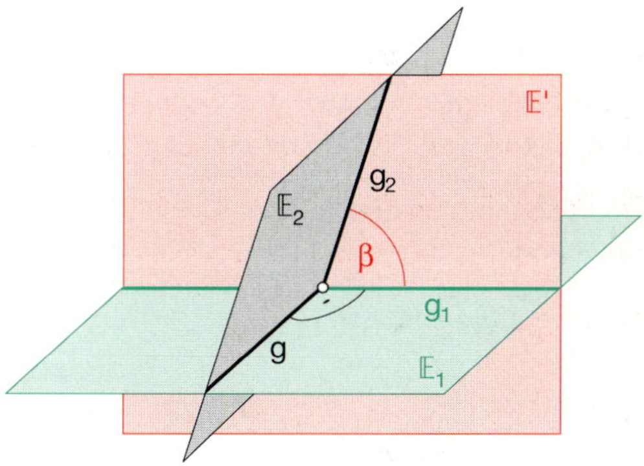

Beispiel:

An einer Pyramide treten sowohl Winkel zwischen einer Geraden und einer Ebene als auch Winkel zwischen zwei Ebenen auf.

Der Winkel SCM mit dem Maß α ist der Winkel zwischen der Seitenkante [CS] und der Grundfläche ABCD.
Der Winkel MES mit dem Maß β ist der Winkel zwischen der Seitenfläche ADS und der Grundfläche ABCD.

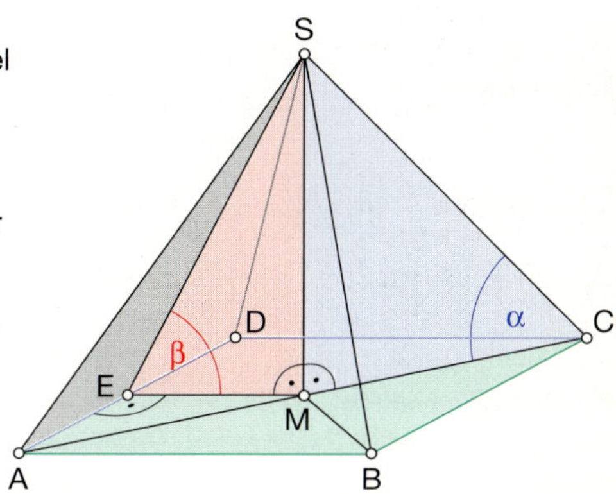

GEO

Vektor

Jede Menge aller gleich langen, parallelen und gleichgerichteten Pfeile heißt Vektor.

Jeder zum Vektor gehörende Pfeil ist ein gleichberechtigter Repräsentant (Vertreter) des Vektors.

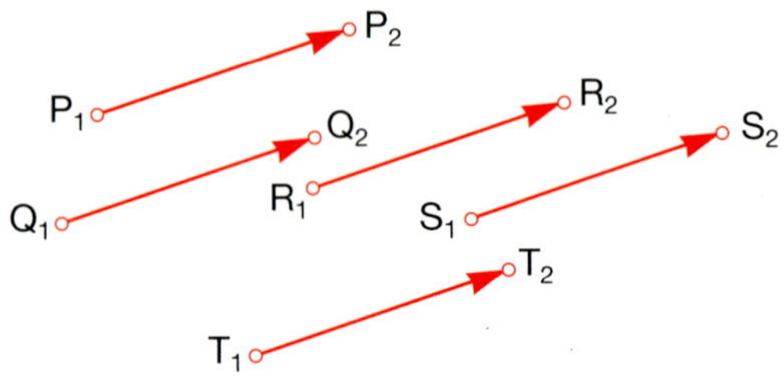

Kartesische Koordinaten eines Vektors

Die kartesischen Koordinaten eines Vektors $\vec{a}$ lassen sich aus den kartesischen Koordinaten des Anfangspunktes $P_1(x_1 \mid y_1)$ und des Endpunktes $P_2(x_2 \mid y_2)$ eines Repräsentantens des Vektors $\vec{a}$ berechnen:

$$\vec{a} = \begin{pmatrix} a_x \\ a_y \end{pmatrix} = \begin{pmatrix} x_2 - x_1 \\ y_2 - y_1 \end{pmatrix}$$

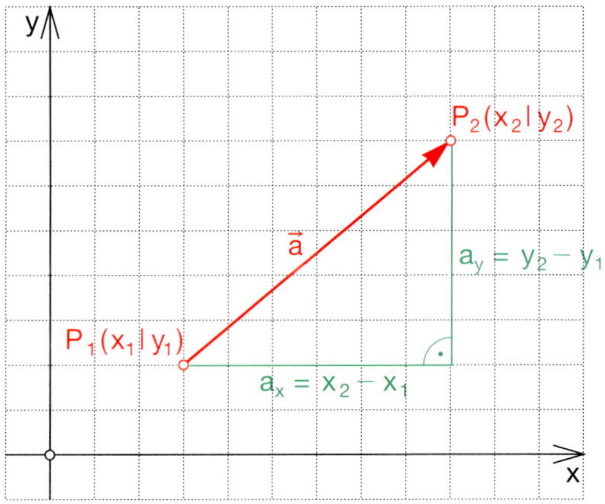

Gegenvektor

$$\vec{a} = \begin{pmatrix} a_x \\ a_y \end{pmatrix}$$

$$\vec{a^*} = \begin{pmatrix} -a_x \\ -a_y \end{pmatrix}$$

$\vec{a^*}$ heißt Gegenvektor.

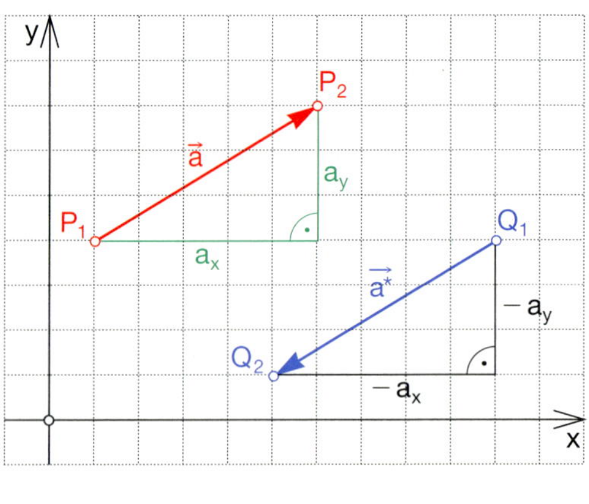

Betrag eines Vektors

$$|\vec{a}| = a = \sqrt{a_x^2 + a_y^2}$$

$$|\vec{a}| = a = \sqrt{(x_2 - x_1)^2 + (y_2 - y_1)^2}$$

Länge einer Strecke

$$\overline{P_1 P_2} = a \text{ LE}$$

$$\overline{P_1 P_2} = \sqrt{(x_2 - x_1)^2 + (y_2 - y_1)^2} \text{ LE}$$

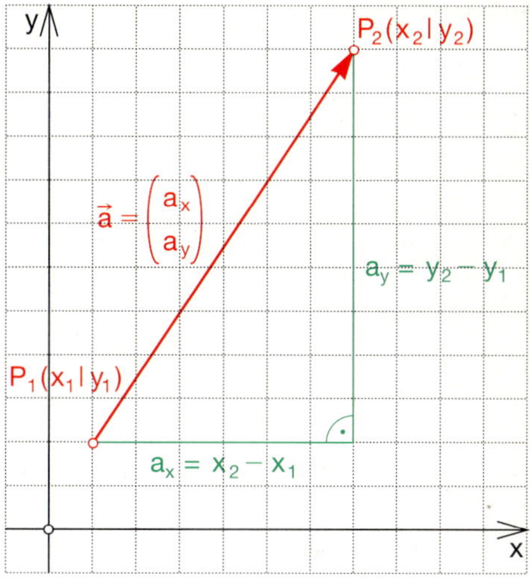

Koordinaten des Mittelpunktes einer Strecke

$$\overrightarrow{P_1M} = \overrightarrow{MP_2}$$

$$x_M = \frac{x_1 + x_2}{2}$$

$$y_M = \frac{y_1 + y_2}{2}$$

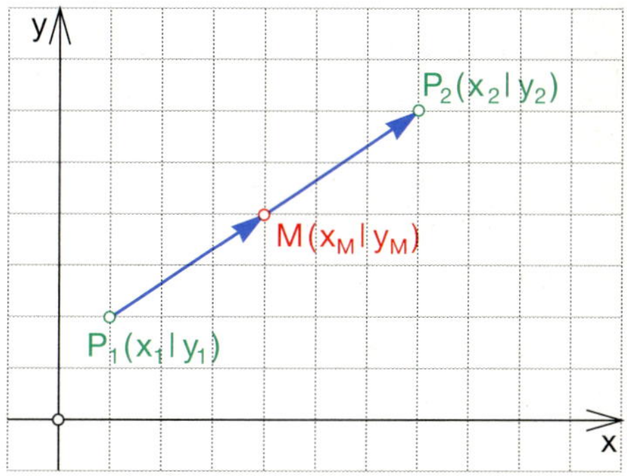

Koordinaten des Schwerpunktes eines Dreiecks

$$\overrightarrow{SA} = (-2) \cdot \overrightarrow{SM}$$

$$\overrightarrow{BM} = \overrightarrow{MC}$$

$$x_S = \frac{x_A + x_B + x_C}{3}$$

$$y_S = \frac{y_A + y_B + y_C}{3}$$

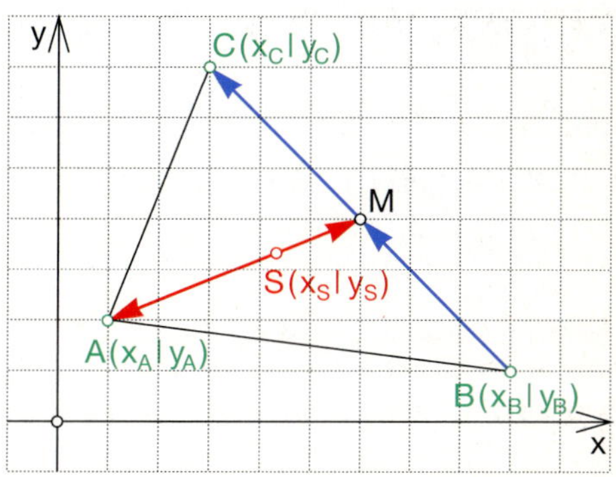

Vektoraddition

$$\vec{a} \oplus \vec{b} = \vec{c}$$

$$\begin{pmatrix} a_x \\ a_y \end{pmatrix} \oplus \begin{pmatrix} b_x \\ b_y \end{pmatrix} = \begin{pmatrix} a_x + b_x \\ a_y + b_y \end{pmatrix}$$

Kommutativgesetz:

$$\vec{a} \oplus \vec{b} = \vec{b} \oplus \vec{a}$$

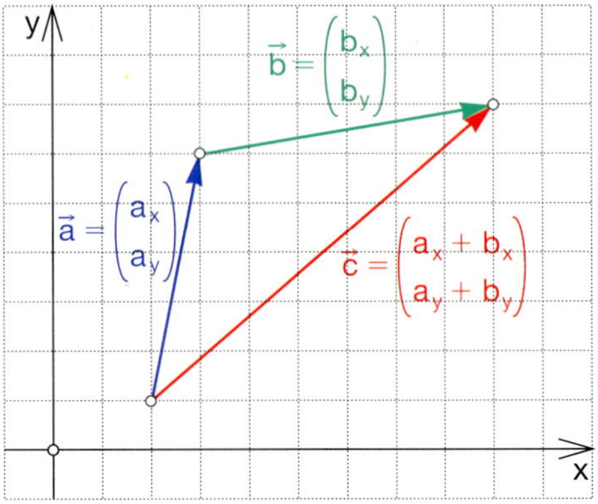

S-Multiplikation eines Vektors

$$k \cdot \vec{a} = \vec{b}\ ; \quad k \neq 0$$

$$k \cdot \begin{pmatrix} a_x \\ a_y \end{pmatrix} = \begin{pmatrix} k \cdot a_x \\ k \cdot a_y \end{pmatrix}$$

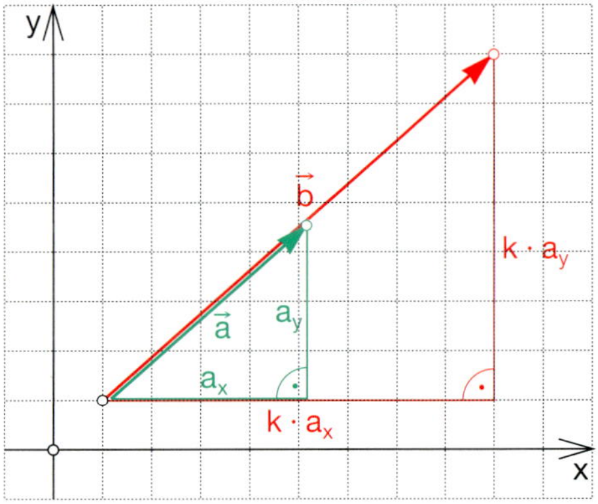

Skalarprodukt von Vektoren

$$\vec{a} \odot \vec{b} = a \cdot b \cdot \cos\varphi$$

$$\begin{pmatrix} a_x \\ a_y \end{pmatrix} \odot \begin{pmatrix} b_x \\ b_y \end{pmatrix} = a_x \cdot b_x + a_y \cdot b_y$$

a: Betrag des Vektors $\vec{a}$

b: Betrag des Vektors $\vec{b}$

φ: Maß des von $\vec{a}$ und $\vec{b}$ eingeschlossenen Winkels

Kommutativgesetz:

$$\vec{a} \odot \vec{b} = \vec{b} \odot \vec{a}$$

Distributivgesetz:

$$\vec{a} \odot (\vec{b} \oplus \vec{c}) = \vec{a} \odot \vec{b} + \vec{a} \odot \vec{c}$$

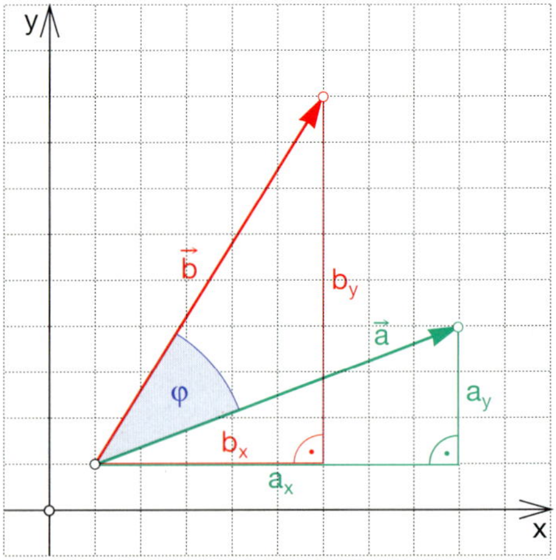

Orthogonale Vektoren

$\vec{a} \perp \vec{b} \quad \Rightarrow \vec{a} \odot \vec{b} = 0$

$\vec{a} \odot \vec{b} = 0 \Rightarrow \vec{a} \perp \vec{b}$

$(\vec{a} \neq \vec{0}$ und $\vec{b} \neq \vec{0})$

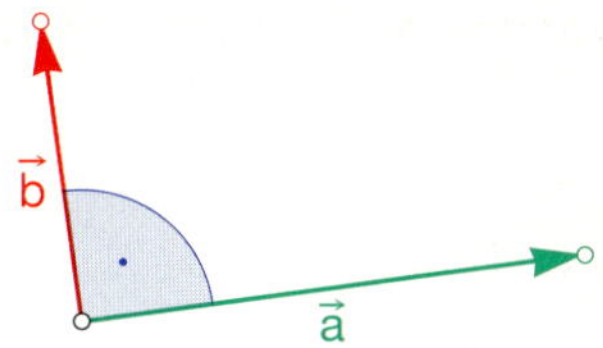

Sonderfall: $|\vec{a}| = |\vec{b}| = |\vec{b}^*|$

$$\vec{a} = \begin{pmatrix} a_x \\ a_y \end{pmatrix}$$

$\vec{b} \perp \vec{a}$: $\quad \vec{b} = \begin{pmatrix} -a_y \\ a_x \end{pmatrix}$

$\vec{b}^* \perp \vec{a}$: $\quad \vec{b}^* = \begin{pmatrix} a_y \\ -a_x \end{pmatrix}$

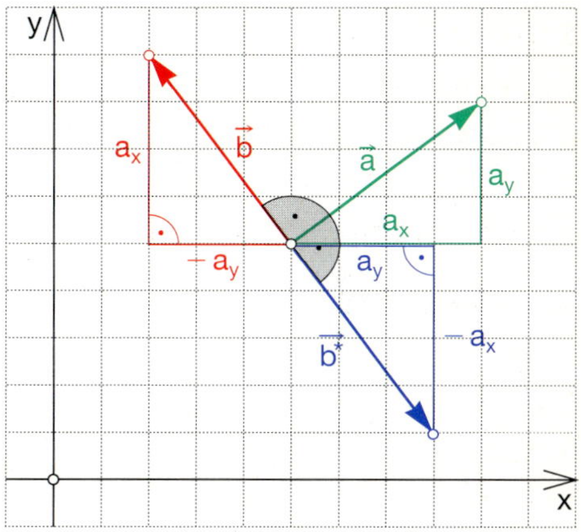

Winkel zwischen Vektoren

$$\cos\varphi = \frac{\vec{a} \odot \vec{b}}{a \cdot b}$$

$$\cos\varphi = \frac{a_x \cdot b_x + a_y \cdot b_y}{\sqrt{a_x^2 + a_y^2} \cdot \sqrt{b_x^2 + b_y^2}}$$

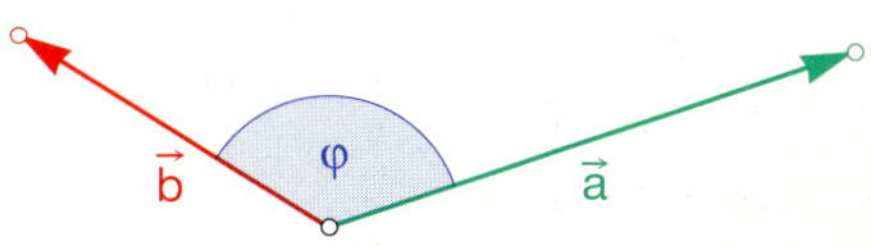

Multiplikation einer Matrix mit einem Vektor

$$\begin{pmatrix} a_1 & b_1 \\ a_2 & b_2 \end{pmatrix} \odot \begin{pmatrix} x \\ y \end{pmatrix} = \begin{pmatrix} a_1 \cdot x + b_1 \cdot y \\ a_2 \cdot x + b_2 \cdot y \end{pmatrix}$$

Matrix Vektor Vektor

Jeder Urpunkt P wird durch Achsenspiegelung mit der Spiegelachse s auf einen Bildpunkt P' abgebildet.

$$P \xmapsto{s} P'$$

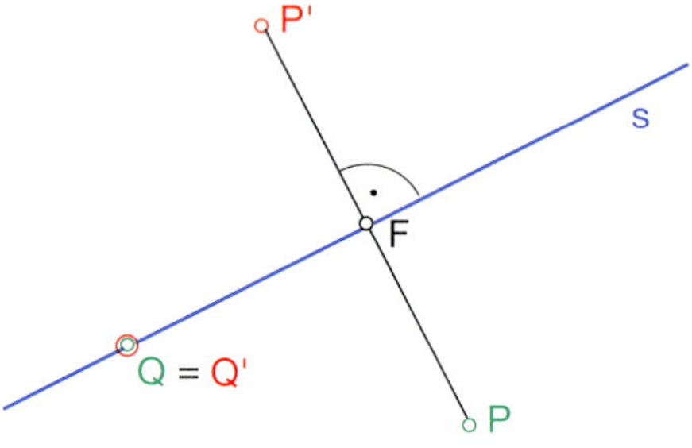

Abbildungsvorschrift

1. $P \notin s$: $[PP'] \perp s \wedge \overline{PF} = \overline{P'F}$
2. $Q \in s$: $Q = Q'$

Eigenschaften

1. Geradentreue, kreistreue, längentreue und winkeltreue Abbildung
2. Kongruenzabbildung

Fixpunkte und Fixgeraden

1. Die Punkte der Spiegelachse sind Fixpunkte. Die Spiegelachse ist damit Fixpunktgerade.
2. Jede Gerade, die auf der Spiegelachse senkrecht steht, ist Fixgerade.

Abbildungsgleichung der Achsenspiegelung an einer Ursprungsgeraden

Gleichung der Spiegelachse: $y = \tan\varphi \cdot x$

φ: Maß des Winkels, den die Spiegelachse s mit der positiven x-Achse bildet.

$$\begin{pmatrix} x' \\ y' \end{pmatrix} = \begin{pmatrix} \cos 2\varphi & \sin 2\varphi \\ \sin 2\varphi & -\cos 2\varphi \end{pmatrix} \odot \begin{pmatrix} x \\ y \end{pmatrix}$$

$$\Leftrightarrow \quad \left| \begin{array}{l} x' = \cos 2\varphi \cdot x + \sin 2\varphi \cdot y \\ \wedge\ y' = \sin 2\varphi \cdot x - \cos 2\varphi \cdot y \end{array} \right.$$

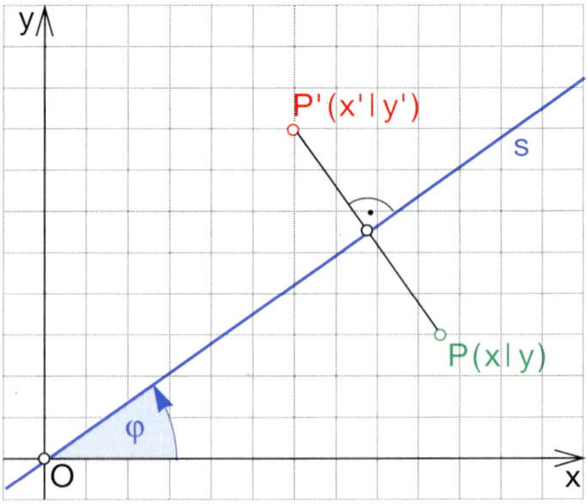

Abbildungsgleichung der Achsenspiegelung an einer Ursprungsgeraden

Gleichung der Spiegelachse: $y = m \cdot x$
m: Steigung der Spiegelachse s

$$\begin{pmatrix} x' \\ y' \end{pmatrix} = \begin{pmatrix} \frac{1-m^2}{1+m^2} & \frac{2m}{1+m^2} \\ \frac{2m}{1+m^2} & -\frac{1-m^2}{1+m^2} \end{pmatrix} \odot \begin{pmatrix} x \\ y \end{pmatrix} \Leftrightarrow \left| \begin{array}{l} x' = \frac{1-m^2}{1+m^2} \cdot x + \frac{2m}{1+m^2} \cdot y \\ \wedge\ y' = \frac{2m}{1+m^2} \cdot x - \frac{1-m^2}{1+m^2} \cdot y \end{array} \right.$$

Achsenspiegelungen an speziellen Ursprungsgeraden

1. Achsenspiegelung an der x-Achse

$$\begin{pmatrix} x' \\ y' \end{pmatrix} = \begin{pmatrix} 1 & 0 \\ 0 & -1 \end{pmatrix} \odot \begin{pmatrix} x \\ y \end{pmatrix}$$

$$\Leftrightarrow \left| \begin{array}{l} x' = x \\ \wedge\ y' = -y \end{array} \right.$$

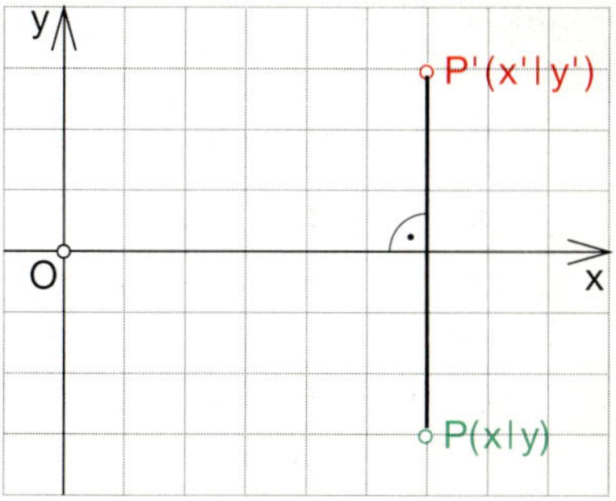

2. Achsenspiegelung an der y-Achse

$$\begin{pmatrix} x' \\ y' \end{pmatrix} = \begin{pmatrix} -1 & 0 \\ 0 & 1 \end{pmatrix} \odot \begin{pmatrix} x \\ y \end{pmatrix}$$

$$\Leftrightarrow \left| \begin{array}{l} x' = -x \\ \wedge\ y' = y \end{array} \right.$$

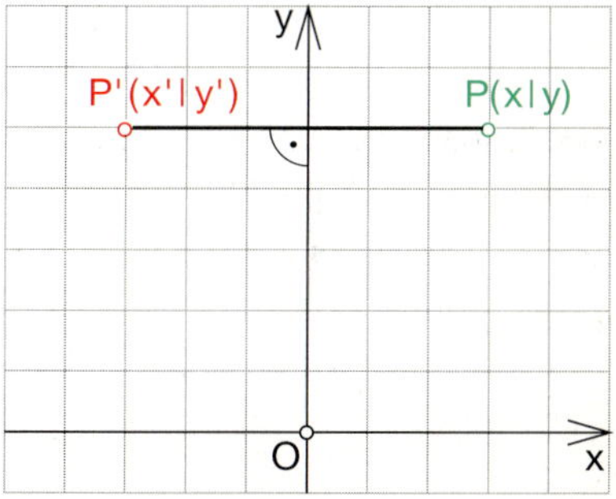

3. Achsenspiegelung an der Winkelhalbierenden w des I. und III. Quadranten

$$\begin{pmatrix} x' \\ y' \end{pmatrix} = \begin{pmatrix} 0 & 1 \\ 1 & 0 \end{pmatrix} \odot \begin{pmatrix} x \\ y \end{pmatrix}$$

$$\Leftrightarrow \left| \begin{array}{l} x' = y \\ \wedge\ y' = x \end{array} \right.$$

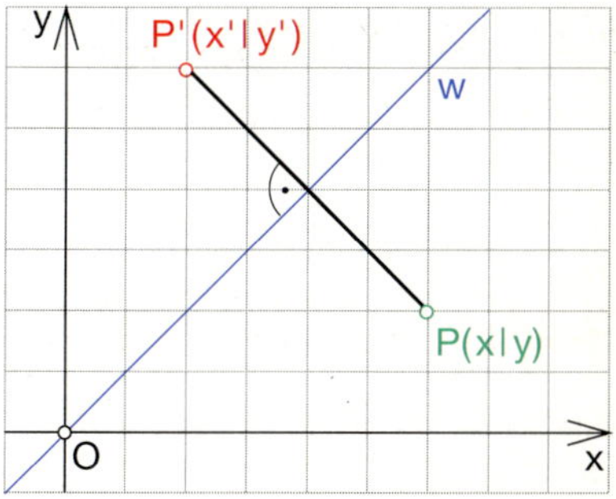

Jeder Urpunkt P wird durch Punktspiegelung mit dem Zentrum Z auf einen Bildpunkt P' abgebildet.

$$P \overset{Z}{\longmapsto} P'$$

Abbildungsvorschrift

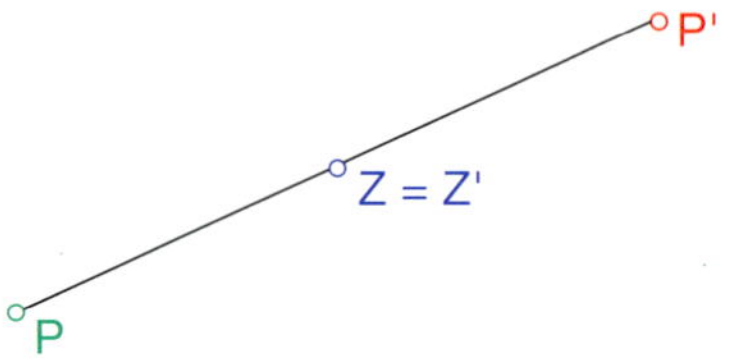

1. $P \neq Z$: $P' \in [PZ \wedge \overline{ZP'} = \overline{ZP}]$
2. $Z = Z'$

Eigenschaften

1. Geradentreue, kreistreue, längentreue und winkeltreue Abbildung
2. Kongruenzabbildung

Fixpunkte und Fixgeraden

1. Das Zentrum Z ist Fixpunkt.
2. Jede Gerade, die durch das Zentrum verläuft, ist Fixgerade.

Abbildungsgleichung der Punktspiegelung

Zentrum $Z(x_Z | y_Z)$

$$\begin{pmatrix} x' \\ y' \end{pmatrix} = \begin{pmatrix} -1 & 0 \\ 0 & -1 \end{pmatrix} \odot \begin{pmatrix} x \\ y \end{pmatrix} \oplus \begin{pmatrix} 2x_Z \\ 2y_Z \end{pmatrix}$$

$$\Leftrightarrow \quad \begin{vmatrix} x' = -x + 2x_Z \\ \wedge\ y' = -y + 2y_Z \end{vmatrix}$$

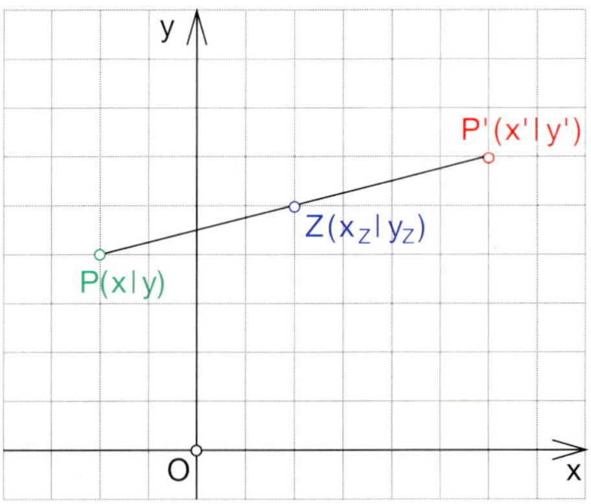

Hinweis:
Die Punktspiegelung mit dem Zentrum $Z(x_Z | y_Z)$ kann als zentrische Streckung mit dem Streckungszentrum $Z(x_Z | y_Z)$ und dem Streckungsfaktor $k = -1$ betrachtet werden.

Jeder Urpunkt P wird durch Drehung mit dem Drehpunkt D und dem Maß α des Drehwinkels auf einen Bildpunkt P' abgebildet.

$$P \xmapsto{D\,;\,\alpha} P'$$

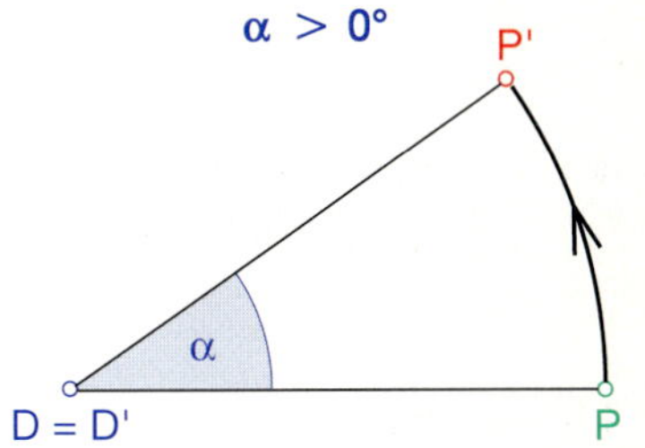

Abbildungsvorschrift

1. $P \neq D\colon\ \overline{DP'} = \overline{DP} \wedge \sphericalangle PDP' = \alpha$
2. $D = D'$

Eigenschaften

1. Geradentreue, kreistreue, längentreue und winkeltreue Abbildung
2. Kongruenzabbildung

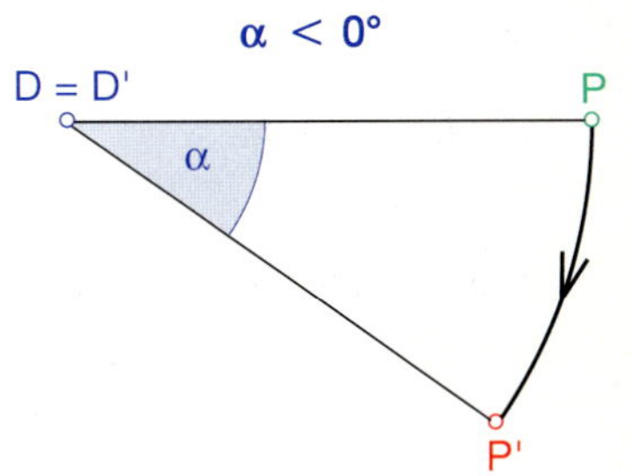

Fixpunkte und Fixgeraden

1. Der Drehpunkt D ist Fixpunkt.
2. Es gibt im allgemeinen keine Fixgeraden.

Sonderfälle:
$\alpha = 180°$: Alle Geraden durch D sind Fixgeraden.
$\alpha = 360°$: Alle Geraden der Ebene sind Fixgeraden.

ABB

Abbildungsgleichung der Drehung mit D(0 | 0)

α: Maß des Drehwinkels

$$\begin{pmatrix} x' \\ y' \end{pmatrix} = \begin{pmatrix} \cos\alpha & -\sin\alpha \\ \sin\alpha & \cos\alpha \end{pmatrix} \odot \begin{pmatrix} x \\ y \end{pmatrix}$$

$$\Leftrightarrow \quad \begin{array}{|l} x' = \cos\alpha \cdot x - \sin\alpha \cdot y \\ \wedge\ y' = \sin\alpha \cdot x + \cos\alpha \cdot y \end{array}$$

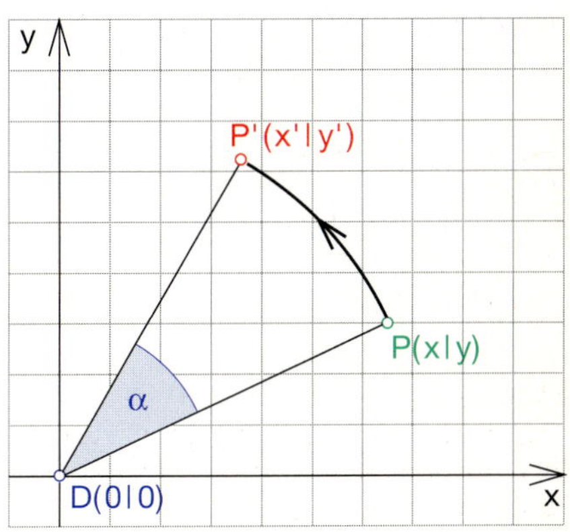

Jeder Urpunkt P wird durch Parallelverschiebung mit dem Vektor $\vec{v}$ auf einen Bildpunkt P' abgebildet.

$$P \overset{\vec{v}}{\longmapsto} P'$$

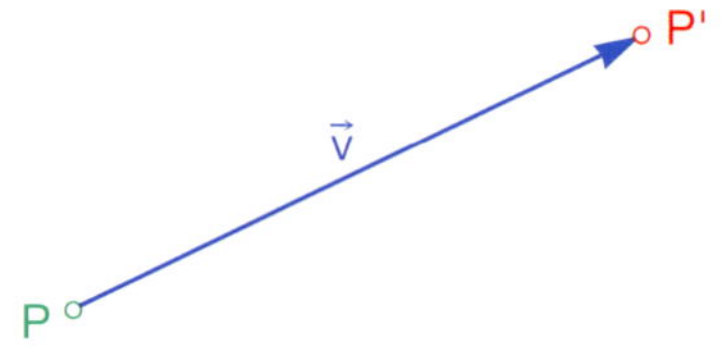

Abbildungsvorschrift

$$\overrightarrow{PP'} = \vec{v}$$

Eigenschaften

1. Geradentreue, kreistreue, längentreue und winkeltreue Abbildung
2. Kongruenzabbildung

Fixpunkte und Fixgeraden

1. Die Parallelverschiebung besitzt keinen Fixpunkt.
2. Jede Gerade, die parallel zur Verschiebungsrichtung verläuft, ist Fixgerade.

Abbildungsgleichung der Parallelverschiebung

Vektor $\vec{v} = \begin{pmatrix} v_x \\ v_y \end{pmatrix}$

$$\begin{pmatrix} x' \\ y' \end{pmatrix} = \begin{pmatrix} 1 & 0 \\ 0 & 1 \end{pmatrix} \odot \begin{pmatrix} x \\ y \end{pmatrix} \oplus \begin{pmatrix} v_x \\ v_y \end{pmatrix}$$

$$\Leftrightarrow \begin{pmatrix} x' \\ y' \end{pmatrix} = \begin{pmatrix} x \\ y \end{pmatrix} \oplus \begin{pmatrix} v_x \\ v_y \end{pmatrix}$$

$$\Leftrightarrow \left| \begin{array}{l} x' = x + v_x \\ \wedge\ y' = y + v_y \end{array} \right.$$

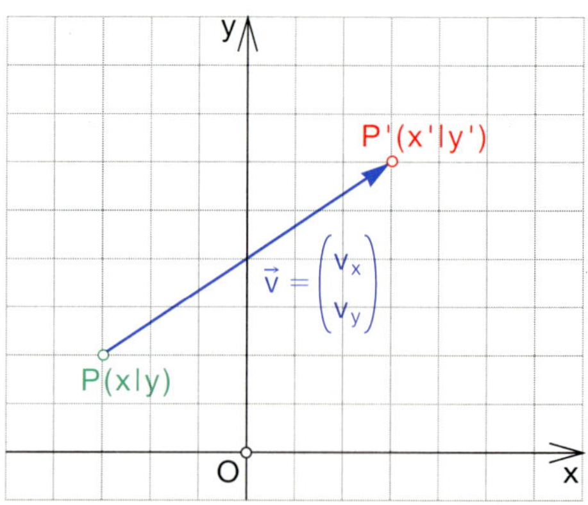

Abbildung durch zentrische Streckung

Jeder Urpunkt P wird durch zentrische Streckung mit dem Streckungszentrum Z und dem Streckungsfaktor k ($k \neq 0$) auf einen Bildpunkt P' abgebildet.

$$P \xmapsto{Z\,;\,k} P'$$

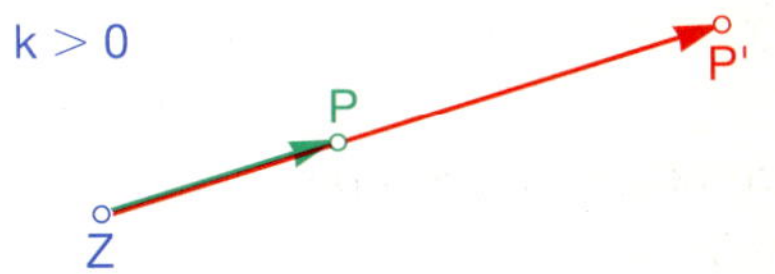

Abbildungsvorschrift

1. $P \neq Z$: $\overrightarrow{ZP'} = k \cdot \overrightarrow{ZP}$
2. $Z = Z'$

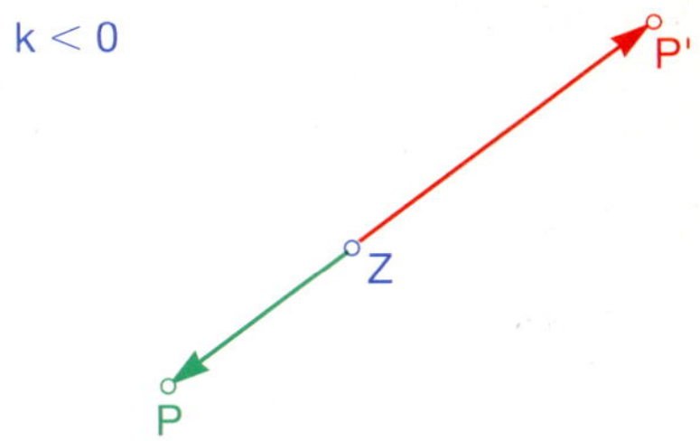

Eigenschaften

1. Geradentreue, kreistreue, winkeltreue und verhältnistreue Abbildung
   Nicht längentreue Abbildung
2. Ähnlichkeitsabbildung

Fixpunkte und Fixgeraden

1. Das Streckungszentrum Z ist Fixpunkt der Abbildung.
2. Jede Gerade, die durch das Streckungszentrum Z verläuft, ist Fixgerade.

Abbildungsgleichung der zentrischen Streckung

$Z(x_Z | y_Z)$: Streckungszentrum
k: Streckungsfaktor

$$\begin{pmatrix} x' \\ y' \end{pmatrix} = \begin{pmatrix} k & 0 \\ 0 & k \end{pmatrix} \odot \begin{pmatrix} x \\ y \end{pmatrix} \oplus \begin{pmatrix} (1-k) \cdot x_z \\ (1-k) \cdot y_z \end{pmatrix}$$

$$\Leftrightarrow \quad \begin{array}{|l} \quad x' = k \cdot x + (1-k) \cdot x_Z \\ \wedge\ y' = k \cdot y + (1-k) \cdot y_Z \end{array}$$

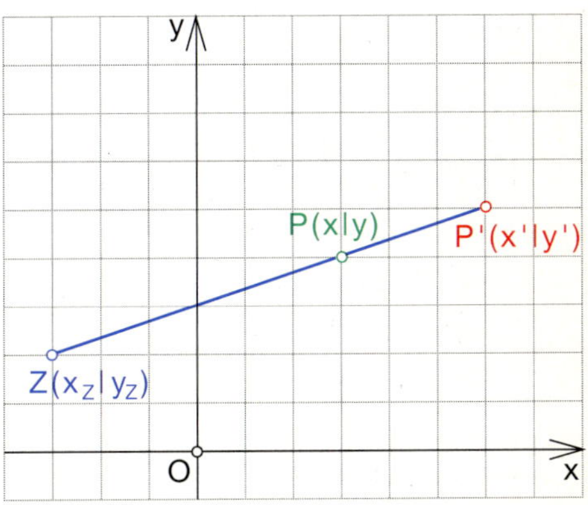

Jeder Urpunkt P wird durch orthogonale Affinität mit der Affinitätsachse s und dem Affinitätsfaktor k ($k \neq 0$) auf einen Bildpunkt P' abgebildet.

$$P \xmapsto{s\,;\,k} P'$$

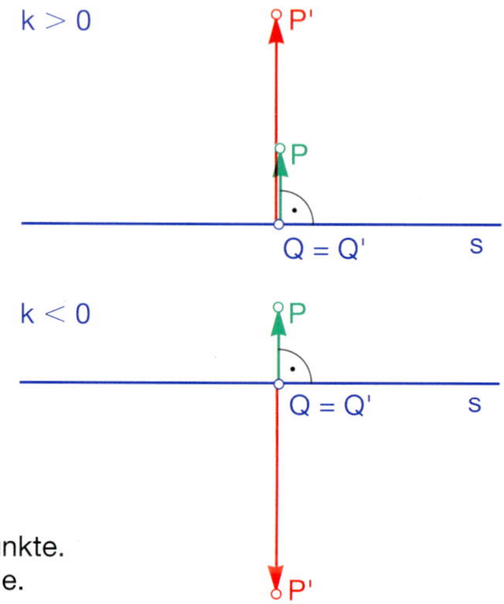

Abbildungsvorschrift

1. $P \notin s$: $\overrightarrow{QP'} = k \cdot \overrightarrow{QP} \wedge PQ \perp s$
2. $Q \in s$: $Q = Q'$

Eigenschaften

1. Geradentreue Abbildung
   Nicht kreistreue, nicht längentreue und nicht winkeltreue Abbildung
2. Affine Abbildung

Fixpunkte und Fixgeraden

1. Die Punkte der Affinitätsachse s sind Fixpunkte.
   Die Affinitätsachse ist damit Fixpunktgerade.
2. Jede Gerade, die auf der Affinitätsachse s senkrecht steht, ist Fixgerade.

Abbildungsgleichung der orthogonalen Affinität mit der x-Achse als Affinitätsachse

k: Affinitätsfaktor

$$\begin{pmatrix} x' \\ y' \end{pmatrix} = \begin{pmatrix} 1 & 0 \\ 0 & k \end{pmatrix} \odot \begin{pmatrix} x \\ y \end{pmatrix}$$

$$\Leftrightarrow \quad \begin{array}{|l} \quad x' = x \\ \wedge\ y' = k \cdot y \\ \hline \end{array}$$

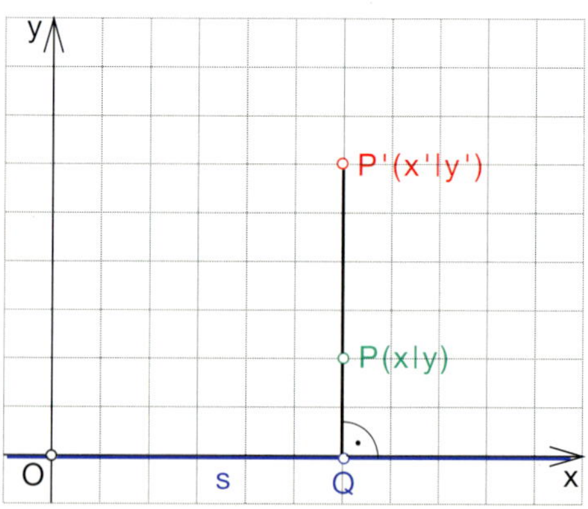

Jeder Urpunkt P wird durch Scherung mit der Scherungsachse s und dem Maß φ des Scherungswinkels auf einen Bildpunkt P' abgebildet.

$$P \xmapsto{s\,;\,\varphi} P'$$

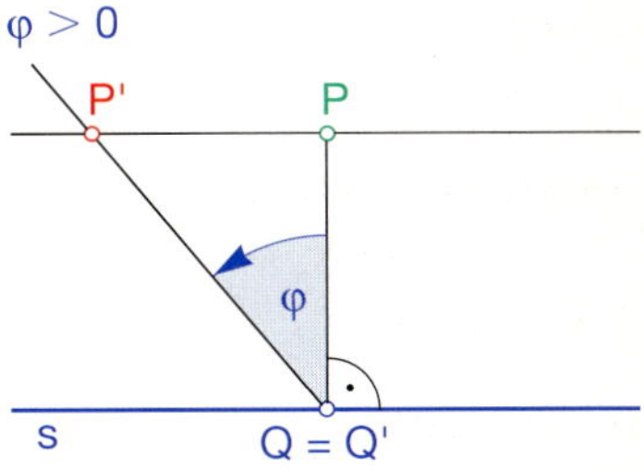

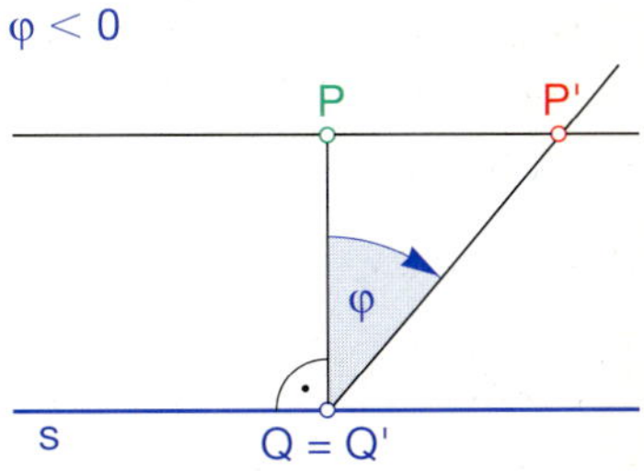

Abbildungsvorschrift

1. $P \notin s$: $PP' \parallel s \wedge \sphericalangle PQP' = \varphi$

   $-90° < \varphi < 90°$
2. $Q \in s$: $Q = Q'$

Eigenschaften

1. Geradentreue und flächentreue Abbildung
   Nicht kreistreue, nicht längentreue
   und nicht winkeltreue Abbildung
2. Affine Abbildung

Fixpunkte und Fixgeraden

1. Die Punkte der Scherungsachse sind Fixpunkte.
   Die Scherungsachse ist damit Fixpunktgerade.
2. Jede Gerade, die parallel zur Scherungsachse verläuft, ist Fixgerade.

Abbildungsgleichung der Scherung mit der x-Achse als Scherungsachse

φ: Maß des Scherungswinkels

$$\begin{pmatrix} x' \\ y' \end{pmatrix} = \begin{pmatrix} 1 & -\tan\varphi \\ 0 & 1 \end{pmatrix} \odot \begin{pmatrix} x \\ y \end{pmatrix}$$

$$\Leftrightarrow \quad \begin{array}{l} x' = x - \tan\varphi \cdot y \\ \wedge\ y' = y \end{array}$$

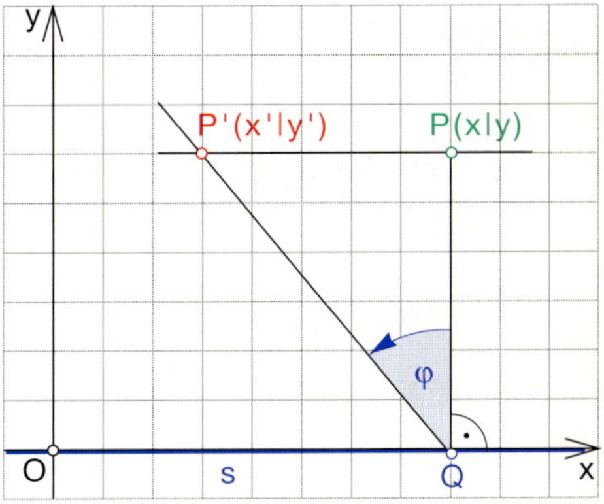

Kartesische Koordinaten und Polarkoordinaten von Vektoren

Ein Vektor $\vec{a}$ lässt sich auf zwei Arten festlegen:

1. Durch seine *kartesischen Koordinaten* a_x und a_y:

$$\vec{a} = \begin{pmatrix} a_x \\ a_y \end{pmatrix}; \quad a_x, a_y \in \mathbb{R}$$

2. Durch seine *Polarkoordinaten* a und α:

$$\vec{a} = (a \mid \alpha); \quad a \in \mathbb{R}_0^+; \quad \alpha \in [0°; 360°[$$

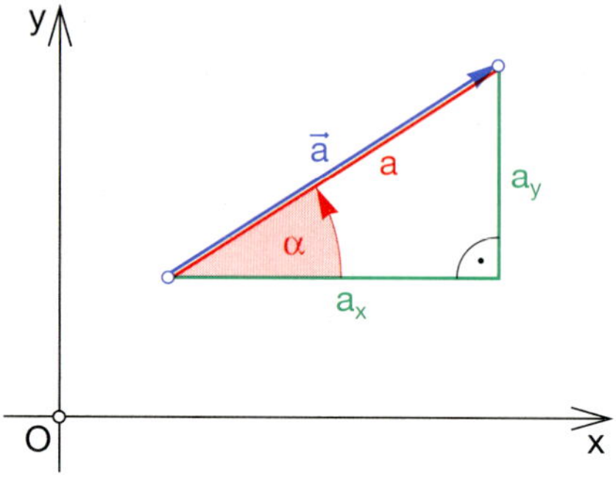

Zusammenhang zwischen kartesischen Koordinaten und Polarkoordinaten:

$$a_x = a \cdot \cos\alpha \qquad a = \sqrt{a_x^2 + a_y^2}$$

$$a_y = a \cdot \sin\alpha \qquad \tan\alpha = \frac{a_y}{a_x}; \quad (a_x \neq 0)$$

Kartesische Koordinaten und Polarkoordinaten von Punkten

Ein Punkt P lässt sich auf zwei Arten festlegen:

1. durch seine *kartesischen Koordinaten* x und y:
   $P(x \mid y); \quad x, y \in \mathbb{R}$
2. durch seine *Polarkoordinaten* a und α:
   $P(a \mid \alpha); \quad a \in \mathbb{R}_0^+; \quad \alpha \in [0°; 360°[$

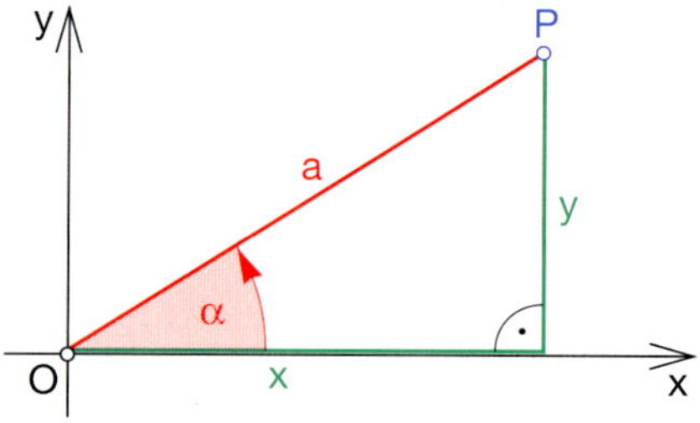

Zusammenhang zwischen kartesischen Koordinaten und Polarkoordinaten:

$$x = a \cdot \cos\alpha \qquad a = \sqrt{x^2 + y^2}$$

$$y = a \cdot \sin\alpha \qquad \tan\alpha = \frac{y}{x}; \quad (x \neq 0)$$

Einheitsvektor – Einheitskreis

Jeder Vektor mit dem Betrag 1 heißt Einheitsvektor $\vec{e}$.
Die Endpunkte der vom Ursprung O ausgehenden Repräsentanten aller Einheitsvektoren liegen auf einem Kreis um den Ursprung O mit dem Radius r = 1 LE. Dieser Kreis heißt Einheitskreis.
Ein Einheitsvektor $\vec{e}$ besitzt die Polarkoordinaten 1 und α:
$\vec{e} = (1 \mid \alpha)$

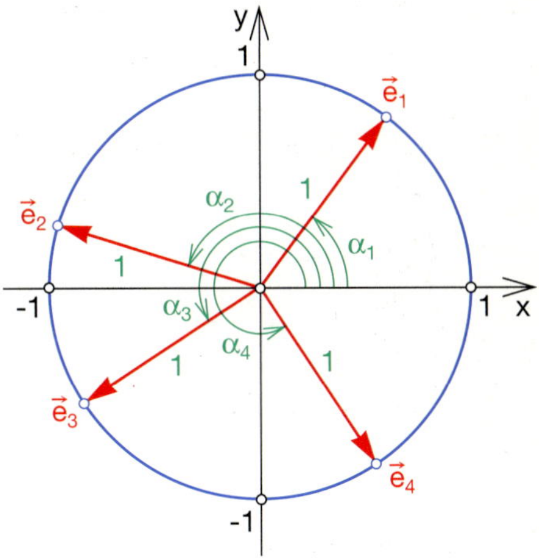

Die Terme $\sin\alpha$, $\cos\alpha$ und $\tan\alpha$

Ein Einheitsvektor $\vec{e}$ mit den Polarkoordinaten 1 und α besitzt die kartesischen Koordinaten $\sin\alpha$ und $\cos\alpha$:

$$\vec{e} = \begin{pmatrix} \cos\alpha \\ \sin\alpha \end{pmatrix}$$

Der Vektor $\vec{e}\,'$ besitzt die kartesischen Koordinaten 1 und $\tan\alpha$:

$$\vec{e}\,' = \begin{pmatrix} 1 \\ \tan\alpha \end{pmatrix}$$

Dabei gilt: $\tan\alpha = \dfrac{\sin\alpha}{\cos\alpha}$; $\cos\alpha \neq 0$

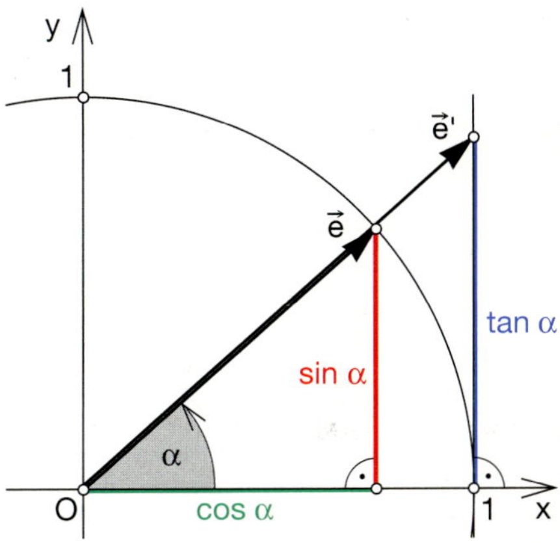

Vorzeichen von $\sin\alpha$, $\cos\alpha$ und $\tan\alpha$

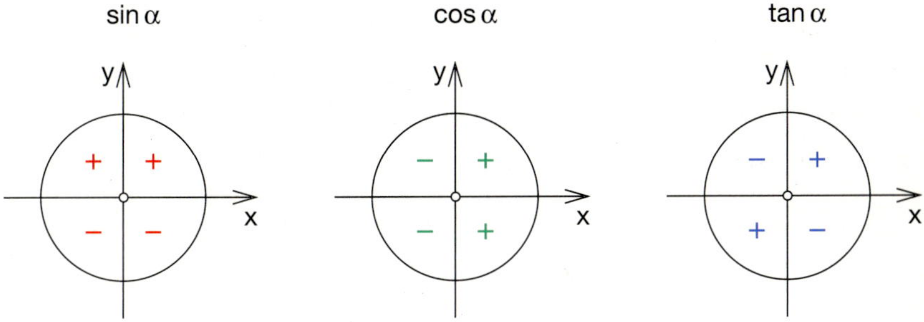

TRI

Werte der Terme $\sin\alpha$, $\cos\alpha$ und $\tan\alpha$ für besondere Winkelmaße

α	0°	30°	45°	60°	90°	180°	270°	360°
$\sin\alpha$	0	$\frac{1}{2}$	$\frac{1}{2}\cdot\sqrt{2}$	$\frac{1}{2}\cdot\sqrt{3}$	1	0	-1	0
$\cos\alpha$	1	$\frac{1}{2}\cdot\sqrt{3}$	$\frac{1}{2}\cdot\sqrt{2}$	$\frac{1}{2}$	0	-1	0	1
$\tan\alpha$	0	$\frac{1}{3}\cdot\sqrt{3}$	1	$\sqrt{3}$	nicht definiert	0	nicht definiert	0

Beziehungen für negative Winkelmaße

Für $\alpha \in [0°; 360°[$ gilt:

$\sin(-\alpha) = -\sin\alpha$ $\qquad$ $\cos(-\alpha) = \cos\alpha$ $\qquad$ $\tan(-\alpha) = -\tan\alpha$

Komplementbeziehungen

Für $\alpha \in]0°; 90°[$ gilt:

$\sin(90° - \alpha) = \cos\alpha$ $\qquad$ $\cos(90° - \alpha) = \sin\alpha$ $\qquad$ $\tan(90° - \alpha) = \frac{1}{\tan\alpha}$

Beziehungen zwischen den Termen $\sin\alpha$, $\cos\alpha$ und $\tan\alpha$

Für $\alpha \in [0°; 360°[$ gilt:

$\sin^2\alpha + \cos^2\alpha = 1$

$\tan\alpha = \frac{\sin\alpha}{\cos\alpha}$; $\qquad$ $(\cos\alpha \neq 0)$

Für $\alpha \in]0°; 90°[$ gilt:

$\sin(180° - \alpha) = +\sin\alpha$

$\cos(180° - \alpha) = -\cos\alpha$

$\tan(180° - \alpha) = -\tan\alpha$

Diese Beziehungen heißen *Supplementbeziehungen*.

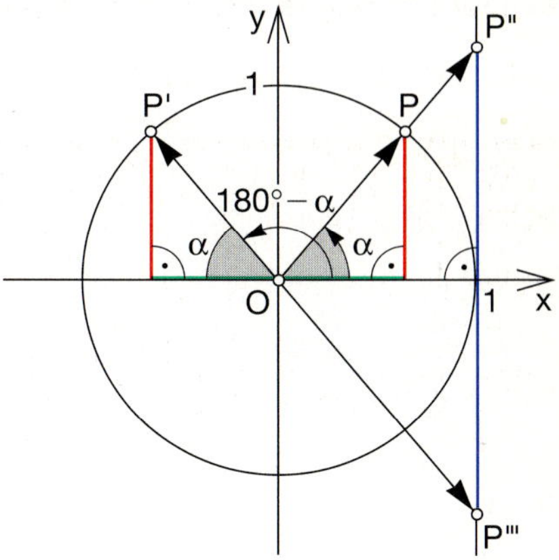

$\sin(180° + \alpha) = -\sin\alpha$

$\cos(180° + \alpha) = -\cos\alpha$

$\tan(180° + \alpha) = +\tan\alpha$

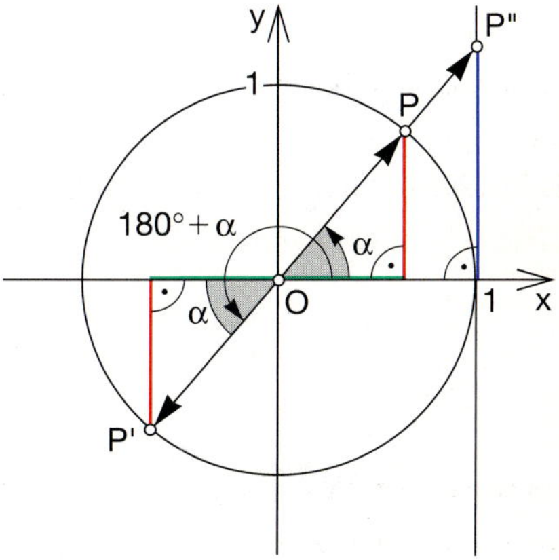

$\sin(360° - \alpha) = -\sin\alpha$

$\cos(360° - \alpha) = +\cos\alpha$

$\tan(360° - \alpha) = -\tan\alpha$

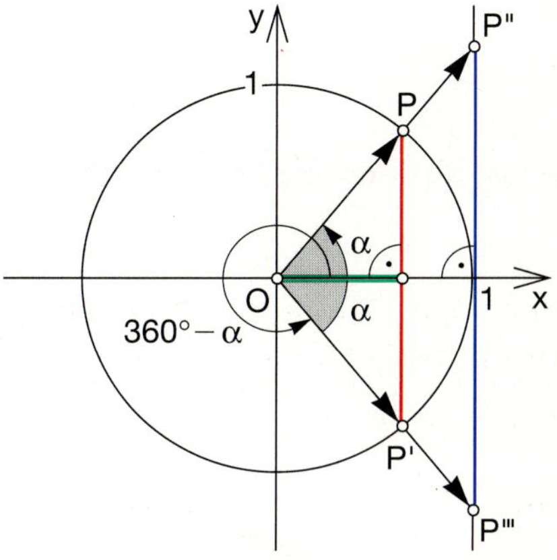

Additionstheoreme

$\sin(\alpha + \beta) = \sin\alpha \cdot \cos\beta + \cos\alpha \cdot \sin\beta$

$\sin(\alpha - \beta) = \sin\alpha \cdot \cos\beta - \cos\alpha \cdot \sin\beta$

$\cos(\alpha + \beta) = \cos\alpha \cdot \cos\beta - \sin\alpha \cdot \sin\beta$

$\cos(\alpha - \beta) = \cos\alpha \cdot \cos\beta + \sin\alpha \cdot \sin\beta$

$$\tan(\alpha + \beta) = \frac{\tan\alpha + \tan\beta}{1 - \tan\alpha \cdot \tan\beta} \qquad (1 - \tan\alpha \cdot \tan\beta \neq 0)$$

$$\tan(\alpha - \beta) = \frac{\tan\alpha - \tan\beta}{1 + \tan\alpha \cdot \tan\beta} \qquad (1 + \tan\alpha \cdot \tan\beta \neq 0)$$

TRI

Sinus, Kosinus und Tangens des doppelten Winkelmaßes

$\sin 2\alpha = 2 \cdot \sin\alpha \cdot \cos\alpha$

$$\begin{aligned} \cos 2\alpha &= \cos^2\alpha - \sin^2\alpha \\ &= 2 \cdot \cos^2\alpha - 1 \\ &= 1 - 2 \cdot \sin^2\alpha \end{aligned}$$

$$\tan 2\alpha = \frac{2 \cdot \tan\alpha}{1 - \tan^2\alpha} \qquad (1 - \tan^2\alpha \neq 0)$$

Sinus, Kosinus und Tangens des halben Winkelmaßes

$$\sin^2\frac{\alpha}{2} = \frac{1}{2} \cdot (1 - \cos\alpha)$$

$$\cos^2\frac{\alpha}{2} = \frac{1}{2} \cdot (1 + \cos\alpha)$$

$$\tan^2\frac{\alpha}{2} = \frac{1 - \cos\alpha}{1 + \cos\alpha} \qquad (1 + \cos\alpha \neq 0)$$

Für $\alpha \in\ ]0°; 90°[$ gilt:

$$\sin\alpha = \sqrt{1-\cos^2\alpha} = \frac{\tan\alpha}{\sqrt{1+\tan^2\alpha}}$$

$$\cos\alpha = \sqrt{1-\sin^2\alpha} = \frac{1}{\sqrt{1+\tan^2\alpha}}$$

$$\tan\alpha = \frac{\sin\alpha}{\sqrt{1-\sin^2\alpha}} = \frac{\sqrt{1-\cos^2\alpha}}{\cos\alpha}$$

Bogenmaß eines Winkels

Das Bogenmaß eines Winkels mit dem Gradmaß α ist die Maßzahl x der zu dem Winkel gehörenden Bogenlänge auf dem Einheitskreis.

$$x = \frac{\pi}{180°}\cdot\alpha$$

$$\alpha = \frac{180°}{\pi}\cdot x$$

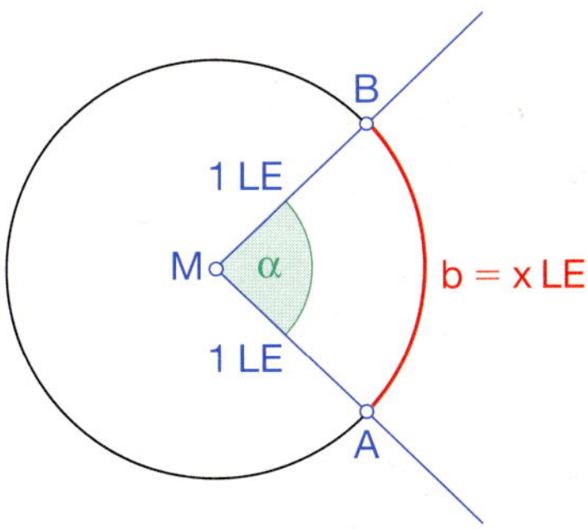

Gradmaß α	0°	30°	45°	60°	90°	180°	270°	360°
Bogenmaß x	0	$\frac{\pi}{6}$	$\frac{\pi}{4}$	$\frac{\pi}{3}$	$\frac{\pi}{2}$	π	$\frac{3\pi}{2}$	2π
Bogenmaß x gerundet	0	0,52	0,79	1,05	1,57	3,14	4,71	6,28

Anmerkung:

Das Bogenmaß x eines Winkels mit dem Gradmaß α wird auch als Arcus von α bezeichnet:

$x = \operatorname{arc}\alpha$

Rechtwinkliges Dreieck

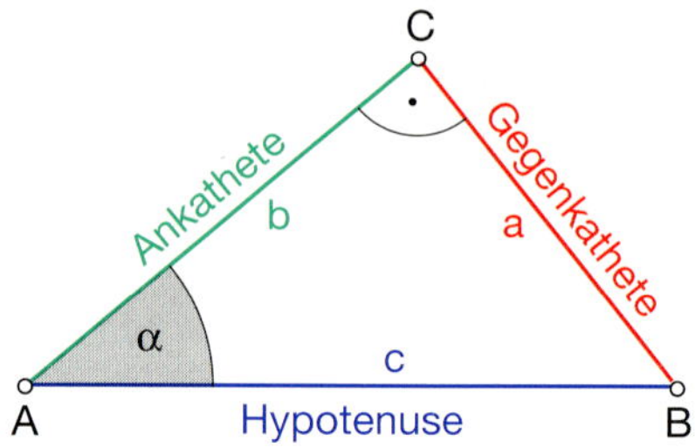

$$\sin\alpha = \frac{\text{Länge der Gegenkathete}}{\text{Länge der Hypotenuse}} = \frac{a}{c}$$

$$\cos\alpha = \frac{\text{Länge der Ankathete}}{\text{Länge der Hypotenuse}} = \frac{b}{c}$$

$$\tan\alpha = \frac{\text{Länge der Gegenkathete}}{\text{Länge der Ankathete}} = \frac{a}{b}$$

Allgemeines Dreieck

Sinussatz

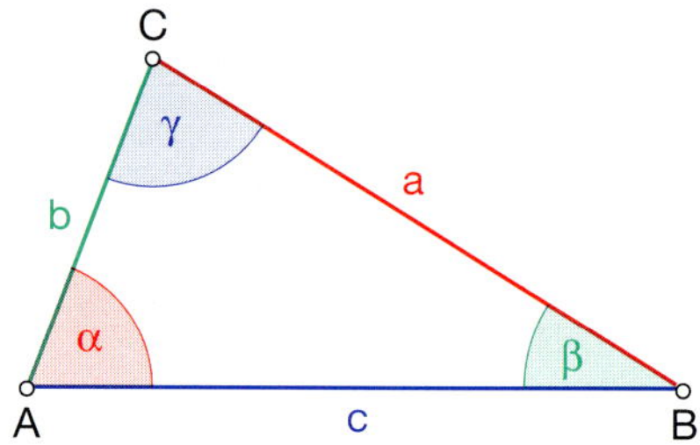

$$\frac{a}{\sin\alpha} = \frac{b}{\sin\beta} = \frac{c}{\sin\gamma}$$

Kosinussatz

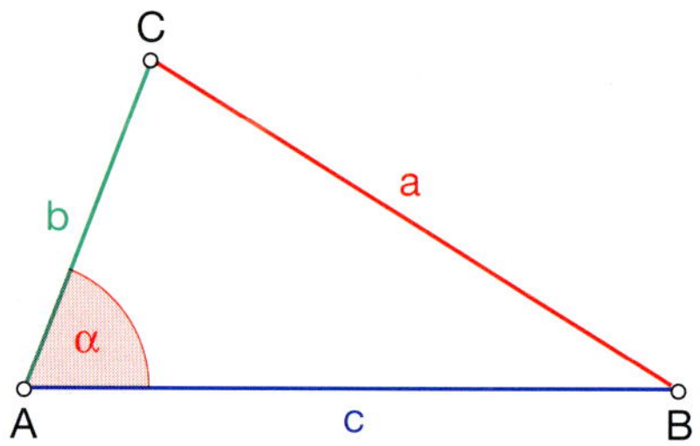

$$a^2 = b^2 + c^2 - 2 \cdot b \cdot c \cdot \cos\alpha$$

$$\cos\alpha = \frac{b^2 + c^2 - a^2}{2 \cdot b \cdot c}$$

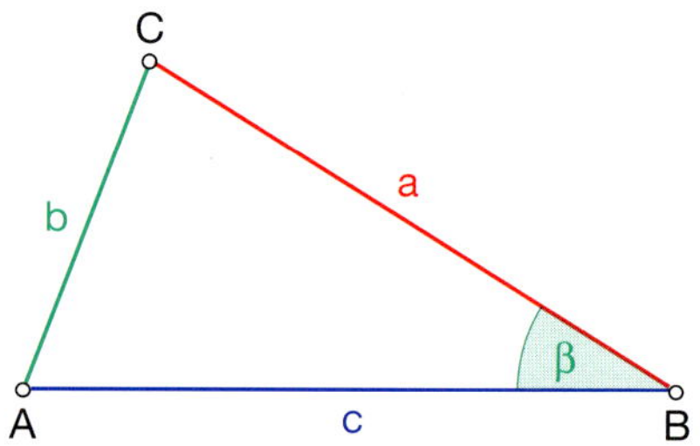

$$b^2 = a^2 + c^2 - 2 \cdot a \cdot c \cdot \cos\beta$$

$$\cos\beta = \frac{a^2 + c^2 - b^2}{2 \cdot a \cdot c}$$

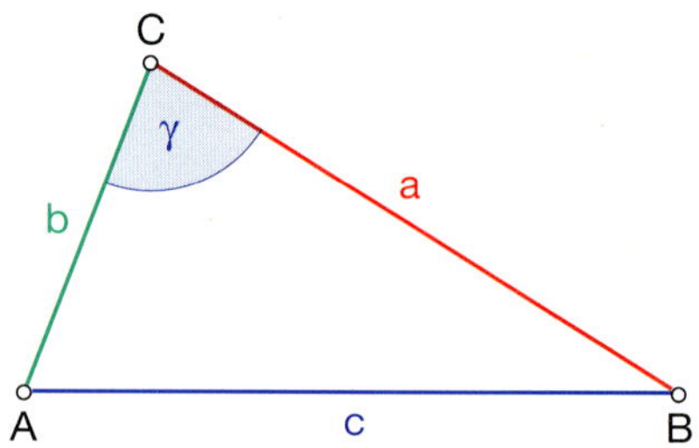

$$c^2 = a^2 + b^2 - 2 \cdot a \cdot b \cdot \cos\gamma$$

$$\cos\gamma = \frac{a^2 + b^2 - c^2}{2 \cdot a \cdot b}$$

Die Basisgröße **Länge**

Größensymbol: l

Einheit: 1 Meter; $[l] = 1\,\mathrm{m}$
Länge des Meterprototyps: Urmeter

Die abgeleitete Größe **Fläche**

Größensymbol: A

Einheit: 1 Quadratmeter; $[A] = 1\,\mathrm{m}^2$

Die abgeleitete Größe **Volumen**

Größensymbol: V

Einheit: 1 Kubikmeter; $[V] = 1\,\mathrm{m}^3$

Vielfache und Teile physikalischer Einheiten

Bei der Bildung dezimaler Vielfacher und Teilen einer physikalischen Einheit sind folgende Vorsätze und Vorsatzzeichen üblich:

Vorsatz	Vorsatzzeichen	Faktor
Tera	T	10^{12}
Giga	G	10^{9}
Mega	M	10^{6}
Kilo	k	10^{3}
Hekto	h	10^{2}
Deka	da	10^{1}
Dezi	d	10^{-1}
Zenti	c	10^{-2}
Milli	m	10^{-3}
Mikro	μ	10^{-6}
Nano	n	10^{-9}
Piko	p	10^{-12}

M

Die Basisgröße **Masse**

Größensymbol: m

Einheit: 1 Kilogramm; $[m] = 1\,\text{kg}$
Masse des Massenprototyps: Urkilogramm

Die abgeleitete Größe **Dichte**

Größensymbol: ϱ

Definitionsgleichung: $$\varrho = \frac{m}{V}$$

Einheit: $1\,\frac{\text{Kilogramm}}{\text{Kubikmeter}}$; $[\varrho] = 1\,\frac{\text{kg}}{\text{m}^3}$

Beispiele für Dichten gemessen in $\frac{\text{g}}{\text{cm}^3}$:

Festkörper (20 °C)		**Flüssigkeiten (20 °C)**	
Aluminium	2,70	Alkohol	0,79
Blei	11,34	Petroleum	0,85
Eisen	7,86	Quecksilber	13,6
Gold	19,3	Wasser	0,998
Kupfer	8,9		
Platin	21,5	**Gase (0 °C; 1 bar)**	
Silber	10,5	Helium	0,00017
Silicium	2,4	Luft	0,0013
Styropor	0,017	Sauerstoff	0,0014
Titan	4,5	Stadtgas	0,0006

Die physikalische Größe **Kraft**

Größensymbol: $\vec{F}$ (Kraft); F (Betrag der Kraft)

Einheit: 1 Newton; $[F] = 1\,\text{N}$

Gewichtskraft eines Körpers

Größensymbol: $\vec{F}_G$ (Gewichtskraft)

F_G (Betrag der Gewichtskraft)

Definitionsgleichung: $F_G = m \cdot g$

Dabei sind m die Masse des Körpers und g der Ortsfaktor.

Einheit: 1 Newton; $[F_G] = 1\,\text{N}$

Beispiele für Werte des Ortsfaktors g gemessen in $\frac{\text{N}}{\text{kg}}$:

$g_{\text{Erde (Pol)}}$	=	9,83	$g_{\text{Erde (Äquator)}}$	=	9,78
$g_{\text{Erde (Normorte)}}$	=	9,81	g_{Mond}	=	1,62
g_{Jupiter}	=	23,3	g_{Sonne}	=	274,0

M

Gleitreibungskraft

Für den Betrag F_{Gleit} der *Gleitreibungskraft* gilt das Reibungsgesetz.

Reibungsgesetz: $F_{\text{Gleit}} = \mu \cdot F_{\text{N}}$

Dabei sind μ die Gleitreibungszahl und F_{N} der Betrag der *Anpresskraft* (*Normalkraft*).

Beispiele für Gleitreibungszahlen μ verschiedener Stoffpaare:

Stoffpaar	**μ (trocken)**	**μ (gefettet)**
Stahl auf Stahl	0,15	0,01
Stahl auf Holz	0,5	0,08
Stahl auf Eis	0,014	–
Holz auf Holz	0,2–0,4	0,08
Holz auf Metall	0,4–0,5	0,1
Bremsbelag auf Stahl	0,5–0,6	0,3–0,5

M

Die Basisgröße Zeit

Größensymbol: t

Einheit: 1 Sekunde; $[t] = 1\,\text{s}$

Die Einheit 1 Sekunde wurde festgelegt mithilfe periodisch ablaufender Vorgänge in einer Atomuhr.

Gleichförmige Bewegung

Die abgeleitete Größe **Geschwindigkeit**

Bestimmungsstücke: Richtung, Betrag

Größensymbol: $\vec{v}$ (Geschwindigkeit)

v (Betrag der Geschwindigkeit)

Definitionsgleichung:

$$v = \frac{s}{t} = \text{const.}$$

Dabei sind s der zurückgelegte Weg und t die dafür benötigte Zeit.

Einheit: $1\,\frac{\text{Meter}}{\text{Sekunde}}$; $[v] = 1\,\frac{\text{m}}{\text{s}}$

Beispiele für die Beträge von Geschwindigkeiten in $\frac{\text{km}}{\text{s}}$:

Licht- und Radiowellen	300 000	Schallwellen in Luft	0,340
Fluchtgeschwindigkeit Erde	11,2	Fluchtgeschwindigkeit Mond	2,38
Erdsatellit	2,22	Düsenflugzeug	0,85

Beschleunigte Bewegung

Bei einer beschleunigten Bewegung unterscheidet man zwei Arten von Geschwindigkeiten:

Durchschnittsgeschwindigkeit:

$$\overline{v} = \frac{s}{t}$$

Dabei sind $\overline{v}$ der Betrag der Durchschnittsgeschwindigkeit, s der zwischen zwei Bahnpunkten zurückgelegte Weg und t die dafür benötigte Zeit.

Beschleunigte Bewegung

Momentangeschwindigkeit: $$v = \frac{\Delta s}{\Delta t}$$

Dabei sind v der Betrag der Momentangeschwindigkeit, Δs ein sehr kleines an einem bestimmten Bahnpunkt zurückgelegtes Wegstück und Δt die dafür benötigte Zeit.

Gleichmäßig beschleunigte Bewegung

Für den aus dem Ruhezustand nach der Zeit t zurückgelegten Weg s und den Betrag v der dann erreichten Momentangeschwindigkeit gilt:

$$s = \tfrac{1}{2} \cdot a \cdot t^2 \qquad v = a \cdot t$$

Die konstante Größe a heißt Betrag der Beschleunigung.

Die abgeleitete Größe **Beschleunigung**

Bestimmungsstücke: Richtung, Betrag

Größensymbol: $\vec{a}$ (Beschleunigung)

a (Betrag der Beschleunigung)

Definitionsgleichung: $$a = \frac{\Delta v}{\Delta t} = \text{const.}$$

Einheit: $1\,\frac{\text{Meter}}{\text{Sekunde}^2}$; $[a] = 1\,\frac{\text{m}}{\text{s}^2}$

Der freie Fall

Für den aus dem Ruhezustand zurückgelegten Weg s und den Betrag v der Momentangeschwindigkeit gilt:

$$s = \tfrac{1}{2} \cdot g \cdot t^2 \qquad v = g \cdot t$$

Die konstante Größe g heißt Betrag der *Fallbeschleunigung* (*Schwerebeschleunigung*).

Für den Betrag g der durch die Anziehungskraft der Erde verursachten Fallbeschleunigung gilt an Normorten:

$$g = 9{,}81\,\frac{\text{m}}{\text{s}^2}$$

M

Fallbeschleunigung

Beispiele für die Beträge von Fallbeschleunigungen in $\frac{\mathrm{m}}{\mathrm{s}^2}$:

$g_{\text{Erde (Pol)}} = 9{,}83$	$g_{\text{Erde (Äquator)}} = 9{,}78$
$g_{\text{Mond}} = 1{,}62$	$g_{\text{Jupiter}} = 23{,}3$

Kraft und Bewegung

Für die auf einen Körper ausgeübte Kraft und die dadurch hervorgerufene Beschleunigung gilt das

Grundgesetz der Dynamik von Newton:

$$F = m \cdot a$$

Dabei sind F der Betrag der Kraft, die auf den Körper beschleunigend wirkt, m die Masse des Körpers und a der Betrag der erzielten Beschleunigung.

Aus $F = m \cdot a$ folgt: $[F] = 1\,\mathrm{kg} \cdot \frac{\mathrm{m}}{\mathrm{s}^2} = 1\,\frac{\mathrm{kg\,m}}{\mathrm{s}^2} = 1\,\mathrm{N}$

Für den Betrag F_G der Gewichtskraft eines Körpers gilt:

$$F_G = m \cdot g$$

Dabei sind m die Masse des Körpers und g der Betrag der Fallbeschleunigung, den man auch Ortsfaktor nennt.

Elastische Verformungen einer Feder

Für die Verformungen einer Feder innerhalb ihres Elastizitätsbereichs (elastische Verformungen) gilt das Hooke'sche Gesetz.

Hooke'sches Gesetz: $$\frac{F}{\Delta l} = \text{const.}$$

Dabei sind F der Betrag der verformenden Kraft und Δl die Längenänderung der Feder.

Die abgeleitete Größe **Federkonstante**

Die Federkonstante dient als Maß für die Härte einer Feder.

Größensymbol: D

Definitionsgleichung: $$D = \frac{F}{\Delta l}$$

Einheit: $1\,\frac{\text{Newton}}{\text{Meter}}$; $[D] = 1\,\frac{\mathrm{N}}{\mathrm{m}}$

Schwingungen

Zur Beschreibung von Schwingungen verwendet man die folgenden Bezeichnungen und Symbole.

1. *Amplitude:* Größte Auslenkung des schwingenden Körpers aus der Mittellage.
2. *Schwingung (Periode):* Ein vollständiger Hin- und Hergang des schwingenden Körpers.
3. *Schwingungsdauer T:* Zeit einer Schwingung (Periode)
4. *Frequenz f:* Anzahl der Perioden pro Sekunde

$$[f] = 1\frac{1}{\text{s}} = 1\,\text{Hz (1 Hertz)}$$

Es gilt:

$$f = \frac{1}{T}$$

Hebel

Unter einem *Hebel* versteht man jeden starren, um eine feste Achse drehbaren Körper.

Am Hebel herrscht Gleichgewicht, wenn gilt:

$$F_1 \cdot a_1 = F_2 \cdot a_2$$

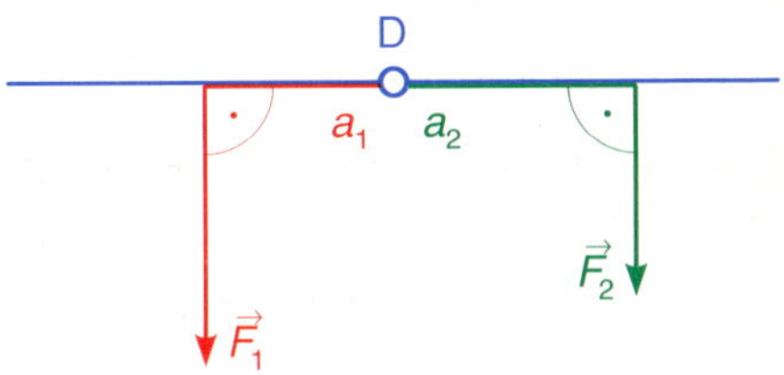

Diese Gleichgewichtsbedingung heißt *Hebelgesetz*.

Dabei sind a_1 und a_2 die Abstände der Drehachse D von den Wirkungslinien der Kräfte $\vec{F_1}$ bzw. $\vec{F_2}$ und heißen *Hebelarme* (*Kraftarme*) der Kräfte $\vec{F_1}$ bzw. $\vec{F_2}$.

Die Produkte $F_1 \cdot a_1$ und $F_2 \cdot a_2$ heißen Betrag M_1 des Drehmomentes der Kraft $\vec{F_1}$ (Betrag M_l des linksdrehenden Drehmomentes; ↺) bzw. Betrag M_2 des Drehmomentes der Kraft $\vec{F_2}$ (Betrag M_r des rechtsdrehenden Drehmomentes; ↻).

Die abgeleitete Größe **Drehmoment**

Bestimmungsstücke: Richtung, Betrag

Größensymbol: $\vec{M}$ (Drehmoment)

M (Betrag des Drehmomentes)

Definitionsgleichung: $M = F \cdot a$

Einheit: 1 Newtonmeter; $[M] = 1\,\text{Nm}$

Allgemeines Hebelgesetz

Greifen gleichzeitig mehr als zwei Kräfte an einem Hebel an, so kann an ihm ebenfalls Gleichgewicht hergestellt werden.
Es gilt das *allgemeine Hebelgesetz* :

Am Hebel herrscht Gleichgewicht, wenn die Summe der Beträge der linksdrehenden Drehmomente gleich ist der Summe der Beträge der rechtsdrehenden Drehmomente.

Zusammensetzung und Zerlegung von Kräften

Zwei in einem Punkt angreifende Kräfte $\vec{F}_1$ und $\vec{F}_2$ (*Komponenten*) können durch eine Ersatzkraft $\vec{F}$ (*Resultierende*) ersetzt werden.

$\vec{F}$ ist zeichnerisch durch die Diagonale des Kräfteparallelogramms festgelegt, das von $\vec{F}_1$ und $\vec{F}_2$ aufgespannt wird.

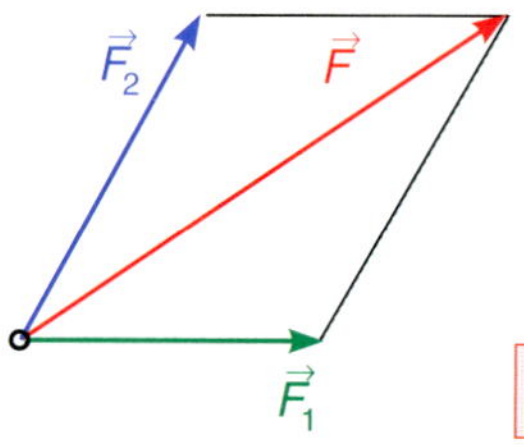

$$\vec{F} = \vec{F}_1 \oplus \vec{F}_2$$

Umgekehrt kann eine Kraft $\vec{F}$ auf beliebig viele Weisen in zwei Teilkräfte $\vec{F}_1$ und $\vec{F}_2$ zerlegt werden. $\vec{F}_1$ und $\vec{F}_2$ findet man zeichnerisch mithilfe eines geeigneten Kräfteparallelogramms.

Schiefe Ebene

Die Gewichtskraft $\vec{F}_G$ eines Körpers auf einer *schiefen Ebene* lässt sich in zwei Teilkräfte zerlegen :

1. in die *Hangabtriebskraft* $\vec{F}_H$, die parallel zur schiefen Ebene hangabwärts wirkt und

2. in die *Normalkraft* $\vec{F}_N$, die senkrecht zur schiefen Ebene wirkt.

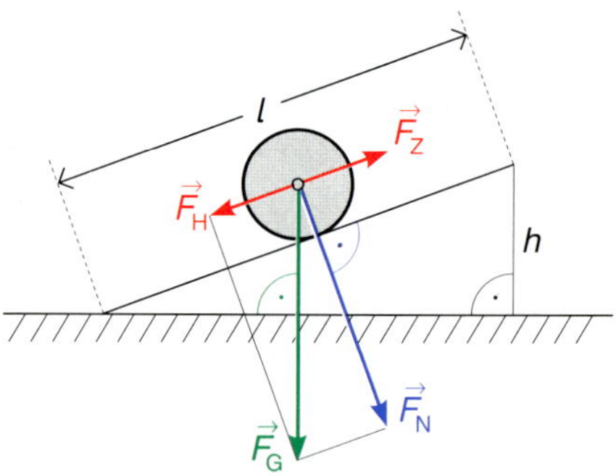

Gleichgewichtsbedingung :

$$F_Z = F_H = \frac{h}{l} \cdot F_G$$

Dabei sind F_Z der Betrag der Zugkraft, F_H der Betrag der Hangabtriebskraft, F_G der Betrag der Gewichtskraft, l die Länge und h die zugehörige Höhe der schiefen Ebene.

Die abgeleitete Größe **Arbeit**

Wirkt an einem Körper eine Kraft längs eines Weges, so wird *Arbeit* zugeführt bzw. abgegeben.

Größensymbol: W

Definitionsgleichung: $W = F \cdot s$

Dabei sind F (F = const.) der Betrag der in Wegrichtung wirkenden Kraft und s der zurückgelegte Weg.

Einheit: 1 Newtonmeter = 1 Joule = 1 Wattsekunde

$[W] = 1\ \mathrm{Nm} = 1\ \mathrm{J} = 1\ \mathrm{Ws}$

Beispiele für Formen der mechanischen Arbeit

1. *Hubarbeit:* $W = F_G \cdot h = m \cdot g \cdot h$
2. *Beschleunigungsarbeit:* $W = \frac{1}{2} \cdot m \cdot v^2$
3. *Spannarbeit* einer elastischen Feder: $W = \frac{1}{2} \cdot D \cdot \Delta l^2$
4. *Gleitreibungsarbeit:* $W = F_{Gleit} \cdot s = \mu \cdot F_N \cdot s$

Dabei sind

- W die zugeführte bzw. abgegebene Arbeit,
- F_G der Betrag der Gewichtskraft des angehobenen Körpers,
- h die Hubhöhe,
- m die Masse des angehobenen bzw. des bewegten Körpers,
- g der Betrag der Schwerebeschleunigung,
- v der Betrag der Geschwindigkeit des bewegten Körpers,
- D die Federkonstante der Feder,
- Δl die Längenänderung der Feder,
- F_{Gleit} der Betrag der Gleitreibungskraft,
- s der vom gleitenden Körper zurückgelegte Weg,
- μ die Gleitreibungszahl und
- F_N der Betrag der Normalkraft des gleitenden Körpers.

Die abgeleitete Größe **Energie**

Größensymbol: E

Einheit: 1 Newtonmeter = 1 Joule = 1 Wattsekunde

$[E] = 1\ \text{Nm} = 1\ \text{J} = 1\ \text{Ws}$

Beispiele für Formen der mechanischen Energie

1. *Potenzielle Energie (Lageenergie)*: $E_{pot} = F_G \cdot h = m \cdot g \cdot h$

2. *Kinetische Energie (Bewegungsenergie)*: $E_{kin} = \frac{1}{2} \cdot m \cdot v^2$

Dabei sind

E_{pot} die potenzielle Energie,
F_G der Betrag der Gewichtskraft des angehobenen Körpers,
h die Hubhöhe,
m die Masse des angehobenen bzw. des bewegten Körpers,
g der Betrag der Schwerebeschleunigung,
E_{kin} die kinetische Energie und
v der Betrag der Geschwindigkeit des bewegten Körpers.

Für die Umwandlung der mechanischen Energieformen potenzielle Energie und kinetische Energie gilt der

Energieerhaltungssatz der Mechanik:

Werden bei mechanischen Vorgängen nur potenzielle und kinetische Energie ineinander umgewandelt, so bleibt die Summe aus potenzieller und kinetischer Energie konstant.

Dieser Energieerhaltungssatz der Mechanik lässt sich verallgemeinern.

Allgemeiner Energieerhaltungssatz:

In einem abgeschlossenen System (d. h. ohne Energieübertragung von oder zu anderen Systemen) bleibt bei allen Vorgängen die Energiesumme konstant.

Die abgeleitete Größe **Leistung**

Größensymbol: P

Definitionsgleichung:

$$P = \frac{W}{t}$$

Dabei sind W die zugeführte oder abgegebene Arbeit und t die dafür benötigte Zeit.

Einheit:

$$1\,\frac{\text{Newtonmeter}}{\text{Sekunde}} = 1\,\frac{\text{Joule}}{\text{Sekunde}} = 1\ \text{Watt}$$

$$[P] = 1\,\frac{\text{Nm}}{\text{s}} = 1\,\frac{\text{J}}{\text{s}} = 1\ \text{W}$$

Wirkungsgrad

Unter dem Wirkungsgrad versteht man den Quotienten aus der abgegebenen Arbeit und der zugeführten Arbeit bzw. aus der abgegebenen Leistung und der zugeführten Leistung.

Es gilt: $\eta = \frac{W_{ab}}{W_{zu}}$ bzw. $\eta = \frac{P_{ab}}{P_{zu}}$

Dabei sind

η der Wirkungsgrad,

W_{ab} die abgegebene Arbeit (Nutzarbeit),

W_{zu} die zugeführte (aufgewendete) Arbeit,

P_{ab} die abgegebene Leistung (Nutzleistung) und

P_{zu} die zugeführte (aufgewendete) Leistung.

Da stets $W_{ab} < W_{zu}$ bzw. $P_{ab} < P_{zu}$, gilt: $\eta < 1$ bzw. $\eta < 100\%$

Beispiele für Wirkungsgrade:

Ottomotor	bis 35%	Dieselmotor	bis 40%
Elektromotor	bis 95%	Wasserturbine	bis 95%
Dampfturbine	bis 40%	Gasturbine	bis 35%
Generator	bis 98%	Transformator	bis 99%
Glühlampe	bis 5%	Leuchtstoffröhre	bis 20%

M

Die abgeleitete Größe **Stempeldruck**

Größensymbol: p

Definitionsgleichung: $$p = \frac{F_N}{A}$$

Dabei sind F_N der Betrag der Kraft, die senkrecht auf die Stempelfläche wirkt und A der Flächeninhalt der Stempelfläche.

Einheit: $1 \frac{\text{Newton}}{\text{Quadratmeter}} = 1\,\text{Pascal}$

$[p] = 1 \frac{\text{N}}{\text{m}^2} = 1\,\text{Pa}$

Eine weitere Druckeinheit ist 1 Bar (1 bar):

$1\,\text{bar} = 1 \cdot 10^5\,\text{Pa}$

Die abgeleitete Größe **Schweredruck in Flüssigkeiten**

Größensymbol: p

Definitionsgleichung: $$p = \varrho \cdot g \cdot h$$

Dabei sind ϱ die Dichte der Flüssigkeit,
g der Betrag der Schwerebeschleunigung und
h die Höhe der Flüssigkeitssäule.

Einheit: $1 \frac{\text{Newton}}{\text{Quadratmeter}} = 1\,\text{Pascal}$; $[p] = 1 \frac{\text{N}}{\text{m}^2} = 1\,\text{Pa}$

M

Auftriebskraft in Flüssigkeiten

Für den Betrag der Auftriebskraft gilt das *Archimedische Gesetz*:

Der Betrag der Auftriebskraft ist gleich dem Betrag der Gewichtskraft der vom Körper verdrängten Flüssigkeit.

$$F_A = F_{Gv.Fl.} = \varrho_{Fl.} \cdot g \cdot V_{v.Fl.}$$

Dabei sind

F_A der Betrag der Auftriebskraft,

$F_{Gv.Fl.}$ der Betrag der Gewichtskraft der verdrängten Flüssigkeit,

$\varrho_{Fl.}$ die Dichte der Flüssigkeit,

g der Betrag der Schwerebeschleunigung und

$V_{v.Fl.}$ das Volumen der verdrängten Flüssigkeit.

Die Basisgröße **Temperatur**

Die *Temperatur* ist ein Maß für die mittlere Bewegungsenergie der ungeordneten Bewegung aller Teilchen eines Körpers.

Größensymbol:	ϑ (Celsius-Temperatur)
	T (Kelvin-Temperatur; absolute Temperatur)
Einheit:	1 Grad Celsius; $[\vartheta] = 1\,°C$
	1 °C ist der hundertste Teil des Fundamentalabstandes (Abstand Eispunkt – Siedepunkt des Wassers bei Normaldruck)
	1 Kelvin; $[T] = 1\,K$

Für die Umrechnung der Celsius-Temperatur in die absolute Temperatur gilt die folgende Beziehung:

$$T = 273\,K + \vartheta \cdot \frac{K}{°C}$$

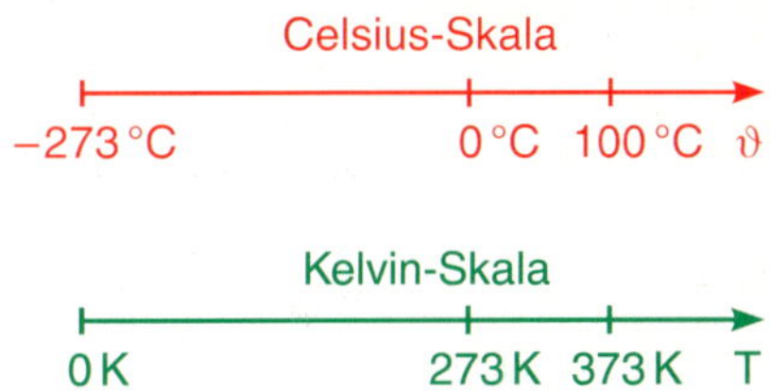

Die tiefste Temperatur $T = 0\,K$ bzw. $\vartheta = -273\,°C$ (genauer: $\vartheta = -273{,}15\,°C$) heißt *absoluter Nullpunkt*. Die vom absoluten Nullpunkt aus in der Einheit Kelvin gemessene Temperatur heißt *absolute Temperatur*.

Temperaturänderung

Größensymbol:	$\Delta\vartheta$; ΔT
	Dabei gilt: $\Delta\vartheta = \Delta T$
Einheit:	1 Grad Celsius oder 1 Kelvin
	$[\Delta\vartheta] = [\Delta T] = 1\,°C$ bzw. $1\,K$

Längenausdehnung von Festkörpern

Längenänderung: $\Delta l = \alpha \cdot l_0 \cdot \Delta\vartheta$

Endlänge: $l_\vartheta = l_0 \cdot (1 + \alpha \cdot \Delta\vartheta)$

Dabei sind

Δl die Längenänderung,
α der Längenausdehnungskoeffizient,
l_0 die Ausgangslänge,
$\Delta\vartheta$ die Temperaturänderung und
l_ϑ die Länge bei der Temperatur ϑ.

Die abgeleitete Größe **Längenausdehnungskoeffizient**

Größensymbol: α

Definitionsgleichung: $\alpha = \dfrac{\Delta l}{l_0 \cdot \Delta\vartheta}$

Einheit: $\dfrac{1}{\text{Kelvin}}$ bzw. $\dfrac{1}{\text{Grad Celsius}}$; $[\alpha] = \dfrac{1}{\text{K}}$ bzw. $\dfrac{1}{^\circ\text{C}}$

W

Beispiele für Längenausdehnungskoeffizienten:

Stoff	**Längenausdehnungskoeffizient** α **in** $\frac{1}{\text{K}}$ (Zwischen 0°C und 100°C)
Aluminium	$0{,}000024 = 24 \cdot 10^{-6}$
Beton	$0{,}000012 = 12 \cdot 10^{-6}$
Blei	$0{,}000028 = 28 \cdot 10^{-6}$
Eisen	$0{,}000012 = 12 \cdot 10^{-6}$
Glas	$0{,}000009 = 9 \cdot 10^{-6}$
Kupfer	$0{,}000017 = 17 \cdot 10^{-6}$
Porzellan	$0{,}000003 = 3 \cdot 10^{-6}$
Wolfram	$0{,}000005 = 5 \cdot 10^{-6}$

Volumenausdehnung von Festkörpern und Flüssigkeiten

Volumenänderung: $\Delta V = \gamma \cdot V_0 \cdot \Delta\vartheta$

Endvolumen: $V_\vartheta = V_0 \cdot (1 + \gamma \cdot \Delta\vartheta)$

Dabei sind

ΔV die Volumenänderung,
γ der Volumenausdehnungskoeffizient,
V_0 das Ausgangsvolumen,
$\Delta\vartheta$ die Temperaturänderung und
V_ϑ das Volumen bei der Temperatur ϑ.

Die abgeleitete Größe **Volumenausdehnungskoeffizient**

Größensymbol: γ

Definitionsgleichung: $\gamma = \dfrac{\Delta V}{V_0 \cdot \Delta\vartheta}$

Einheit: $\dfrac{1}{\text{Kelvin}}$ bzw. $\dfrac{1}{\text{Grad Celsius}}$; $[\gamma] = \dfrac{1}{\text{K}}$ bzw. $\dfrac{1}{^\circ\text{C}}$

Für *Festkörper* gilt: $\gamma \approx 3 \cdot \alpha$

Beispiele für Volumenausdehnungskoeffizienten von Flüssigkeiten:

Stoff	**Volumenausdehnungskoeffizient γ in $\frac{1}{\text{K}}$** (Zwischen 0°C und 50°C)
Alkohol	$0{,}00110 = 11{,}0 \cdot 10^{-4}$
Benzin	$0{,}00100 = 10{,}0 \cdot 10^{-4}$
Glycerin	$0{,}00050 = 5{,}0 \cdot 10^{-4}$
Petroleum	$0{,}00092 = 9{,}2 \cdot 10^{-4}$
Quecksilber	$0{,}00018 = 1{,}8 \cdot 10^{-4}$
Wasser	$0{,}00018 = 1{,}8 \cdot 10^{-4}$

Volumenausdehnung von Gasen bei konstantem Druck

Volumenänderung: $$\Delta V = \gamma \cdot V_0 \cdot \Delta\vartheta$$

Endvolumen: $$V_\vartheta = V_0 \cdot (1 + \gamma \cdot \Delta\vartheta)$$ *Gesetz von Gay-Lussac*

$$\gamma = \frac{1}{273}\,\frac{1}{\mathrm{K}}$$

Dabei sind

ΔV die Volumenänderung,
γ der Volumenausdehnungskoeffizient,
V_0 das Volumen bei 0 °C,
$\Delta\vartheta$ die Temperaturänderung und
V_ϑ das Volumen bei der Temperatur ϑ.

Bei Verwendung der absoluten Temperatur T lässt sich das *Gesetz von Gay-Lussac* in einer vereinfachten Form darstellen:

$$\frac{V_1}{T_1} = \frac{V_2}{T_2} = \cdots = \frac{V_n}{T_n}$$ bzw. $$\frac{V}{T} = \text{konstant}$$

Dabei sind

V_n bzw. V das jeweilige Gasvolumen und
T_n bzw. T die zugehörige absolute Temperatur des Gases.

Allgemeine Gasgleichung

$$\frac{p \cdot V}{T} = \text{konstant}$$

Dabei sind

p der Druck,
V das Volumen und
T die absolute Temperatur des abgeschlossenen Gases.

Sonderfälle der allgemeinen Gasgleichung

1. Die Temperatur des Gases bleibt konstant (*isotherme* Zustandsänderung)

$$p \cdot V = \text{konstant}$$

Gesetz von Boyle-Mariotte

2. Der Druck des Gases bleibt konstant (*isobare* Zustandsänderung)

$$\frac{V}{T} = \text{konstant}$$

Gesetz von Gay-Lussac

3. Das Volumen des Gases bleibt konstant (*isochore* Zustandsänderung)

$$\frac{p}{T} = \text{konstant}$$

Gesetz von Amontons

Erwärmungsgesetz

Für die Erhöhung oder die Absenkung der Temperatur eines Körpers bei gleich bleibendem Aggregatzustand gilt das

Erwärmungsgesetz: $Q = c \cdot m \cdot \Delta\vartheta$

Dabei sind

Q die zugeführte oder abgegebene *Wärme* bzw. *Energie*,

c die *spezifische Wärmekapazität* des Körperstoffes,

m die Masse des Körpers und

$\Delta\vartheta$ die Temperaturänderung.

Die abgeleitete Größe **spezifische Wärmekapazität**

Größensymbol: c

Definitionsgleichung: $c = \frac{Q}{m \cdot \Delta\vartheta}$

c gibt an, welche Wärme bzw. Energie erforderlich ist, um 1 kg des betreffenden Stoffes um 1 K zu erwärmen.

Einheit: $1\,\frac{\text{Joule}}{\text{Kilogramm} \cdot \text{Kelvin}}$; $[c] = 1\,\frac{\text{J}}{\text{kgK}}$

W

Beispiele für spezifische Wärmekapazitäten in $\frac{\text{kJ}}{\text{kgK}}$ bei 20°C:

Festkörper		**Flüssigkeiten**	
Aluminium	0,90	Alkohol	2,47
Beton	0,84	Benzin	2,09
Blei	0,13	Quecksilber	0,14
Eisen	0,45	Wasser	4,19
Kupfer	0,38	**Gase (1013 hPa)**	
Porzellan	0,84	Luft	1,00
Silber	0,23	Sauerstoff	0,92
Zinn	0,23	Wasserdampf	1,85
Wolfram	0,13	Wasserstoff	14,32

Ausdehnungsarbeit

Erfährt ein Körper durch Energiezufuhr eine Volumenzunahme, so muss der Körper gegen den äußeren Druck die *Ausdehnungsarbeit* W_A verrichten:

$$W_A = p \cdot \Delta V$$

Dabei sind p der äußere Druck und ΔV die Volumenzunahme des Körpers.

Erster Hauptsatz der Wärmelehre

Aus dem Energieerhaltungssatz folgt:

Die einem Körper zugeführte Energie ist gleich der Summe aus der Zunahme der inneren Energie und der vom Körper nach außen verrichteten Arbeit.

$$Q = \Delta E_i + W_A = \Delta E_i + p \cdot \Delta V$$

Dabei sind

Q die dem Körper zugeführte Energie,
ΔE_i die Zunahme der im Körper gespeicherten inneren Energie,
W_A die vom Körper nach außen verrichtete Arbeit,
p der äußere Druck und
ΔV die Volumenzunahme des Körpers.

Zweiter Hauptsatz der Wärmelehre (qualitative Formulierung)

Jeder selbsttätige Prozess ist irreversibel und mit einer Energieentwertung verbunden.

Schmelzen

Schmelzwärme Q_S: Wärme bzw. Energie, die dem jeweiligen Festkörper bei gleich bleibender Schmelztemperatur zugeführt werden muss, damit er in den flüssigen Aggregatzustand übergeht.

$$Q_S = q_S \cdot m$$

Dabei sind q_S die *spezifische Schmelzwärme* des festen Stoffes und m die Masse des zu schmelzenden Körpers.

Die abgeleitete Größe **spezifische Schmelzwärme**

Größensymbol: q_S

Definitionsgleichung:

$$q_S = \frac{Q_s}{m}$$

q_S gibt an, welche Wärme bzw. Energie erforderlich ist, um 1 kg eines Stoffes bei der Schmelztemperatur aus dem festen in den flüssigen Aggregatzustand überzuführen.

Einheit: $1\,\frac{\text{Joule}}{\text{Kilogramm}}$; $[q_S] = 1\,\frac{\text{J}}{\text{kg}}$

W

Beispiele für Schmelz- bzw. Erstarrungstemperaturen und spezifische Schmelz- bzw. Erstarrungswärmen:

Stoff	ϑ_S bzw. ϑ_E **in °C** bei 1013 hPa	q_S bzw. q_E **in** $\frac{\text{kJ}}{\text{kg}}$
Alkohol	–114	105
Aluminium	660	404
Blei	327	25
Eis (Wasser)	0	334
Eisen	1535	270
Glycerin	18	201
Kupfer	1084	205
Quecksilber	–39	12
Sauerstoff	–219	14
Wolfram	3380	193

Verdampfen

Verdampfungswärme Q_V: Wärme bzw. Energie, die der jeweiligen Flüssigkeit bei gleich bleibender Siedetemperatur zugeführt werden muss, damit sie in den gasförmigen Aggregatzustand übergeht.

$$Q_V = q_V \cdot m$$

Dabei sind q_V die *spezifische Verdampfungswärme* des flüssigen Stoffes und m die Masse des zu verdampfenden bzw. des bereits verdampften Körpers.

Die abgeleitete Größe **spezifische Verdampfungswärme**

Größensymbol: q_V

Definitionsgleichung:

$$q_V = \frac{Q_V}{m}$$

q_V gibt an, welche Wärme bzw. Energie erforderlich ist, um 1 kg eines Stoffes bei der Siedetemperatur aus dem flüssigen in den gasförmigen Aggregatzustand überzuführen.

Einheit: $1 \frac{\text{Joule}}{\text{Kilogramm}}$; $[q_V] = 1 \frac{\text{J}}{\text{kg}}$

W

Beispiele für Siede- bzw. Kondensationstemperaturen und spezifische Verdampfungs- bzw. Kondensationswärmen:

Stoff	ϑ_{Si} bzw. ϑ_K **in °C** bei 1013 hPa	q_V bzw. q_K **in** $\frac{\text{kJ}}{\text{kg}}$
Alkohol	78	854
Aluminium	2400	10539
Blei	1750	874
Eisen	2800	6342
Helium	–269	21
Kupfer	2582	4798
Quecksilber	357	286
Sauerstoff	–183	214
Wasser	100	2257
Wasserstoff	–253	449

Reflexions- und Brechungsgesetz

Beim Übergang des Lichtes von einem durchsichtigen Medium 1 in ein durchsichtiges Medium 2 mit einer anderen optischen Dichte finden für $\alpha \neq 0°$ die folgenden Vorgänge statt.

1. Ein geringer Teil des Lichtes wird an der Grenzfläche der beiden Medien *reflektiert*. Es gilt das *Reflexionsgesetz*.
2. Der größere Teil des Lichtes dringt in das Medium 2 ein, wobei es an der Grenzfläche *gebrochen* wird. Es gilt das *Brechungsgesetz*.
3. Von jedem der beiden Medien wird ein Teil des Lichtes *absorbiert*.

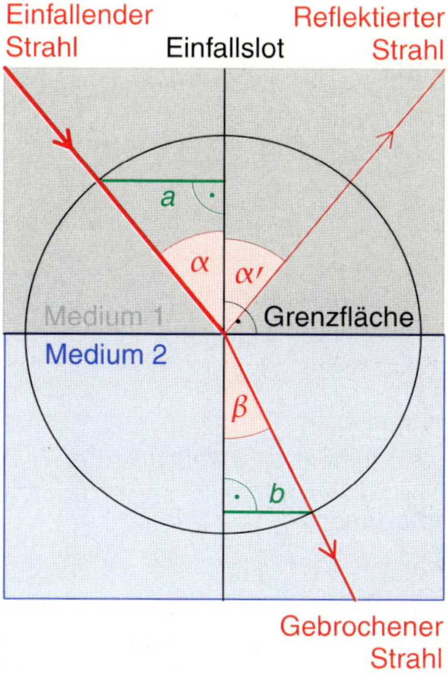

Reflexionsgesetz

Einfallender Strahl, reflektierter Strahl und Einfallslot liegen in derselben Ebene.
Das Maß α des Einfallswinkels ist gleich dem Maß α' des Reflexionswinkels:

$$\alpha = \alpha'$$

Brechungsgesetz von Snellius

Einfallender Strahl, gebrochener Strahl und Einfallslot liegen in derselben Ebene.
$\frac{a}{b} = \mathrm{n}$; die konstante Zahl n heißt Brechzahl.

Wegen der Umkehrbarkeit des Lichtweges gilt: $\overline{\mathrm{n}} = \frac{1}{\mathrm{n}}$

Dabei sind n die Brechzahl für den Übergang des Lichtes von dem Medium 1 in das Medium 2 und $\overline{n}$ die Brechzahl für den Übergang des Lichtes von dem Medium 2 in das Medium 1.

Das in der Zeichnung angegebene Winkelmaß β ist das Maß des Brechungswinkels.

Beispiele für Brechzahlen:

Medienpaar			**Brechzahl n**
Vakuum	→	Luft	1,0003
Luft	→	Alkohol	1,36
Luft	→	Benzol	1,50
Luft	→	Diamant	2,42
Luft	→	Flintglas	1,61–1,76
Luft	→	Kronglas	1,51–1,62
Luft	→	Plexiglas	1,50
Luft	→	Wasser	1,33

Beispiele für Grenzwinkelmaße der Totalreflexion:

Medienpaar			**Grenzwinkelmaß** α_0
Alkohol	→	Luft	48,5°
Benzol	→	Luft	42,0°
Diamant	→	Luft	24,4°
Flintglas	→	Luft	38,4°
Kronglas	→	Luft	41,5°
Plexiglas	→	Luft	42,0°
Wasser	→	Luft	48,5°

O

Sphärische Linsen

Abbildungsgleichungen

1. *Linsenformel:*

$$\frac{1}{f} = \frac{1}{g} + \frac{1}{b}$$

2. *Formel für den Abbildungsmaßstab A:*

$$A = \frac{B}{G} = \frac{b}{g}$$

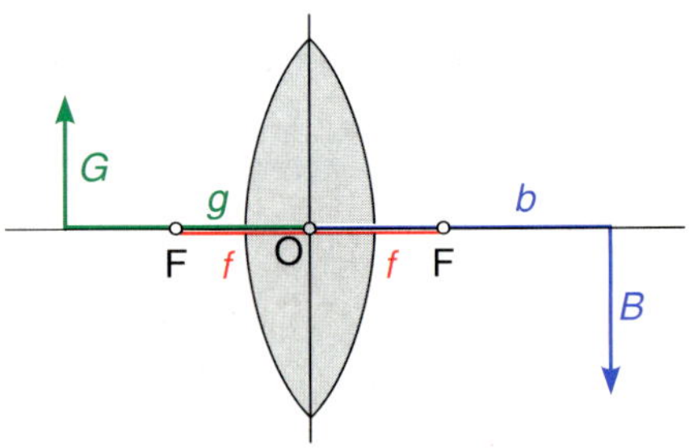

Dabei sind *f* die Brennweite der Linse, *g* die Gegenstandsweite, *b* die Bildweite, *B* die Bildgröße und *G* die Gegenstandsgröße.

Die Abbildungsgleichungen gelten auch für Konkavlinsen. Die Brennweite wird dabei als negative Größe angegeben.

Die Basisgröße **elektrische Stromstärke**

Größensymbol: I

Einheit: 1 Ampere; $[I] = 1\,\text{A}$

1 A ist die Stärke eines zeitlich unveränderlichen elektrischen Stromes, der, durch zwei im Vakuum parallel im Abstand 1 Meter voneinander angeordnete, geradlinige, unendlich lange Leiter von vernachlässigbar kleinem, kreisförmigem Querschnitt fließend, zwischen diesen Leitern je 1 Meter Leiterlänge elektrodynamisch die Kraft $2 \cdot 10^{-7}\,\text{N}$ hervorrufen würde.

Die abgeleitete Größe **elektrische Ladung**

Größensymbol: Q

Definitionsgleichung: $Q = I \cdot t$

Dabei sind I die Stromstärke und t die Zeit des Stromflusses.

Einheit: 1 Amperesekunde = 1 Coulomb

$[Q] = 1\,\text{As} = 1\,\text{C}$

Elementarladung e: $e = 1{,}602 \cdot 10^{-19}\,\text{C}$

Die abgeleitete Größe **elektrische Spannung**

Größensymbol: U

Definitionsgleichung: $U = \dfrac{W}{Q}$

Dabei sind W die elektrische Arbeit und Q die elektrische Ladung.

Einheit: $1\,\dfrac{\text{Newtonmeter}}{\text{Coulomb}} = 1\,\dfrac{\text{Joule}}{\text{Coulomb}} = 1\,\dfrac{\text{Watt}}{\text{Ampere}} = 1\,\text{Volt}$

$[U] = 1\,\dfrac{\text{Nm}}{\text{C}} = 1\,\dfrac{\text{J}}{\text{C}} = 1\,\dfrac{\text{W}}{\text{A}} = 1\,\text{V}$

Ohm'sches Gesetz

Für feste und flüssige Leiter gilt bei konstanter Temperatur des Leiters das

Ohm'sche Gesetz: $\frac{U}{I} = \text{const.}$

Dabei sind U die elektrische Spannung und I die elektrische Stromstärke.

Die abgeleitete Größe **elektrischer Widerstand**

Größensymbol: R

Definitionsgleichung: $R = \frac{U}{I}$

Einheit: $1\,\frac{\text{Volt}}{\text{Ampere}} = 1\,\text{Ohm} \qquad [R] = 1\,\frac{\text{V}}{\text{A}} = 1\,\Omega$

Elektrischer Widerstand eines Drahtes

Für den elektrischen Widerstand R eines Drahtes gilt die

Widerstandsformel: $R = \varrho \cdot \frac{l}{A}$

Dabei sind ϱ der spezifische Widerstand des Leitermaterials,
l die Länge des Leiters und
A die Querschnittsfläche des Leiters.

Die abgeleitete Größe **spezifischer Widerstand**

Größensymbol: ϱ

Definitionsgleichung: $\varrho = \frac{R \cdot A}{l}$

Einheit: $1\,\frac{\text{Ohm} \cdot \text{Quadratmeter}}{\text{Meter}} = 1\,\text{Ohmmeter}$ bzw.

$1\,\frac{\text{Ohm} \cdot \text{Quadratmillimeter}}{\text{Meter}}$

$[\varrho] = 1\Omega\text{m}$ bzw. $[\varrho] = 1\,\frac{\Omega \cdot \text{mm}^2}{\text{m}}$

Hinweis: Der spezifische Widerstand ϱ ist ebenso wie der elektrische Widerstand R temperaturabhängig.

E

Beispiele für spezifische Widerstände in $\frac{\Omega \cdot mm^2}{m}$ bei 18 °C:

Aluminium	0,027	Messing	0,08
Blei	0,21	Nickel	0,07
Eisen	0,10	Platin	0,10
Glas	10^{16}–10^{22}	Quecksilber	0,96
Kohle	40–80	Silber	0,016
Konstantan	0,50	Silicium	1200
Kupfer	0,017	Wolfram	0,05

Reihenschaltung von Widerständen

$$U_g = U_1 + U_2 + \ldots + U_n$$

$$I_g = I_1 = I_2 = \ldots = I_n$$

$$U_m : U_n = R_m : R_n$$

$$R_g = R_1 + R_2 + \ldots + R_n$$

Schaltskizze für die Reihenschaltung von drei Widerständen

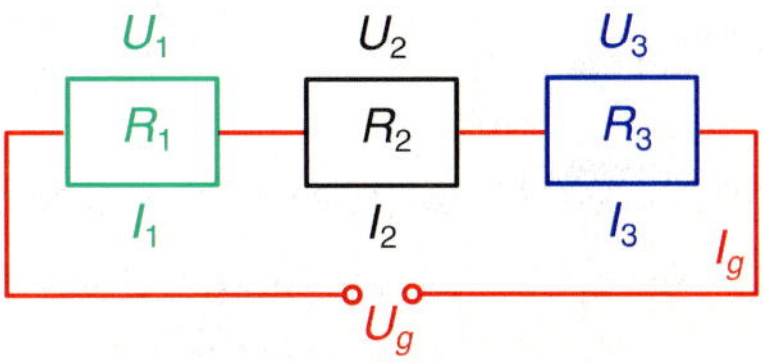

Dabei sind U_g die Gesamtspannung, $U_1, U_2, \ldots, U_n$ die Teilspannungen an den Widerständen, I_g die Gesamtstromstärke, $I_1, I_2, \ldots, I_n$ die Stromstärken in den Widerständen, R_g der elektrische Gesamtwiderstand und $R_1, R_2, \ldots, R_n$ die elektrischen Widerstände der in Reihe geschalteten Widerstände.

Parallelschaltung von Widerständen

$$U_g = U_1 = U_2 = \ldots = U_n$$

$$I_g = I_1 + I_2 + \ldots + I_n$$

1. Kirchhoff'sche Regel

$$I_m : I_n = R_n : R_m$$

2. Kirchhoff'sche Regel

$$\frac{1}{R_g} = \frac{1}{R_1} + \frac{1}{R_2} + \ldots + \frac{1}{R_n}$$

Schaltskizze für die Parallelschaltung von drei Widerständen

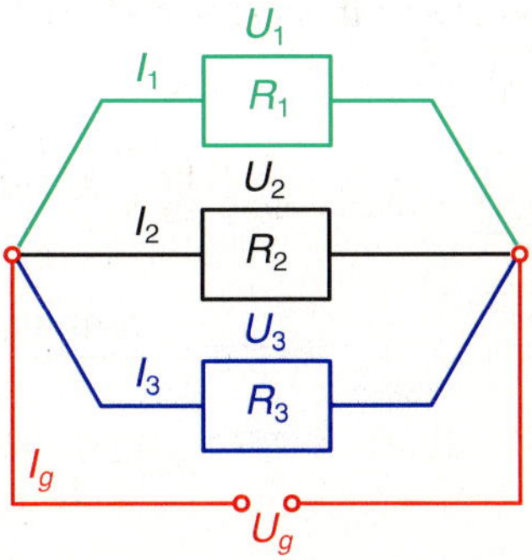

Dabei sind U_g die Gesamtspannung, $U_1, U_2, \ldots, U_n$ die Teilspannungen längs der Leiterzweige, I_g die Gesamtstromstärke, $I_1, I_2, \ldots, I_n$ die Stromstärken in den Leiterzweigen, R_g der elektrische Gesamtwiderstand und $R_1, R_2, \ldots, R_n$ die elektrischen Widerstände der parallel geschalteten Widerstände.

E

Die abgeleitete Größe **elektrische Arbeit**

Größensymbol: W_{el}

Definitionsgleichung: $W_{el} = U \cdot I \cdot t$

Dabei sind U die elektrische Spannung, I die elektrische Stromstärke und t die Zeit des Stromflusses.

Einheit: 1 Voltamperesekunde = 1 Newtonmeter = 1 Joule = 1 Wattsekunde

$[W_{el}] = 1\,\text{VAs} = 1\,\text{Nm} = 1\,\text{J} = 1\,\text{Ws}$

$1\,\text{J} = 6{,}242 \cdot 10^{18}\,\text{eV}$

$1\,\text{eV} = 1{,}602 \cdot 10^{-19}\,\text{J}$

Weitere Gleichungen: $W_{el} = U \cdot Q$ $\quad W_{el} = I^2 \cdot R \cdot t$ $\quad W_{el} = \dfrac{U^2 \cdot t}{R}$

Dabei sind U die elektrische Spannung, Q die transportierte elektrische Ladung, I die elektrische Stromstärke, R der elektrische Widerstand des Leiters und t die Zeit des Stromflusses.

Die abgeleitete Größe **elektrische Leistung**

Größensymbol: P_{el}

Definitionsgleichung: $P_{el} = \dfrac{W_{el}}{t}$

Dabei sind W_{el} die elektrische Arbeit und t die Zeit des Stromflusses.

Einheit: $1\,\text{Voltampere} = 1\,\dfrac{\text{Newtonmeter}}{\text{Sekunde}} = 1\,\dfrac{\text{Joule}}{\text{Sekunde}} = 1\,\text{Watt}$

$[P_{el}] = 1\,\text{VA} = 1\,\dfrac{\text{Nm}}{\text{s}} = 1\,\dfrac{\text{J}}{\text{s}} = 1\,\text{W}$

Weitere Gleichungen: $P_{el} = U \cdot I$ $\quad P_{el} = R \cdot I^2$ $\quad P_{el} = \dfrac{U^2}{R}$

Dabei sind U die elektrische Spannung, I die elektrische Stromstärke und R der elektrische Widerstand des Leiters.

E

Rechte-Hand-Regel

Mit Hilfe der *Rechte-Hand-Regel* kann die Richtung der magnetischen Feldlinien des Magnetfeldes eines stromdurchflossenen geraden Leiters ermittelt werden.

> Umfasst man den Strom durchflossenen geraden Leiter gedanklich mit der rechten Hand so, dass der Daumen in die technische Stromrichtung zeigt, dann geben die gekrümmten Finger die Richtung der magnetischen Feldlinien an.

Erste Drei-Finger-Regel der rechten Hand (Erste UVW-Regel)

Mit Hilfe der *ersten UVW-Regel* kann die *Richtung der Lorentzkraft* ermittelt werden.

> Spreizt man Daumen, Zeige- und Mittelfinger der rechten Hand paarweise zueinander senkrecht und hält den Daumen in die technische Stromrichtung (Ursache U), den Zeigefinger in die Richtung der magnetischen Feldlinien (Vermittlung V), so zeigt der Mittelfinger die Richtung der Lorentzkraft (Wirkung W) an.

Zweite Drei-Finger-Regel der rechten Hand (Zweite UVW-Regel)

Mit Hilfe der *zweiten UVW-Regel* kann die *technische Stromrichtung des Induktionsstromes* in einem bewegten geraden Leiter ermittelt werden.

> Spreizt man Daumen, Zeige- und Mittelfinger der rechten Hand paarweise zueinander senkrecht und hält den Daumen in die Bewegungsrichtung des Leiters (Ursache U), den Zeigefinger in die Richtung der magnetischen Feldlinien (Vermittlung V), so zeigt der Mittelfinger die technische Stromrichtung (Wirkung W) des Induktionsstromes an.

Hinweis: Verwendet man statt der technischen Stromrichtung die *physikalische Stromrichtung (Bewegungsrichtung der Elektronen)*, so muss die *linke Hand* verwendet werden.

Induktionsgesetz von Faraday

> Jede zeitliche Änderung der Stärke und/oder Richtung des von einem Leiterkreis umfassten Magnetfeldes erzeugt in diesem Leiterkreis eine Induktionsspannung.

Lenz'sche Regel

> Der Induktionsstrom ist stets so gerichtet, dass sein Magnetfeld der Ursache seiner Entstehung entgegenwirkt.

Transformatorgesetze

1. Für den *unbelasteten* Transformator gilt:

$$\frac{U_p}{U_s} = \frac{n_p}{n_s}$$

2. Für den *verlustfreien belasteten* Transformator gilt:

$$\frac{I_p}{I_s} = \frac{n_s}{n_p}$$

$$P_p = P_s$$

Dabei sind

U_p die Primärspannung,
U_s die Sekundärspannung,
n_p die Windungszahl der Primärspule,
n_s die Windungszahl der Sekundärspule,
I_p die Primärstromstärke,
I_s die Sekundärstromstärke,
P_p die Primärleistung und
P_s die Sekundärleistung.

Der Quotient $\frac{n_p}{n_s}$ heißt *Übersetzungsverhältnis* des Transformators.

Transistor

Für den *Stromverstärkungsfaktor* β gilt:

$$\beta = \frac{\Delta I_C}{\Delta I_B}$$

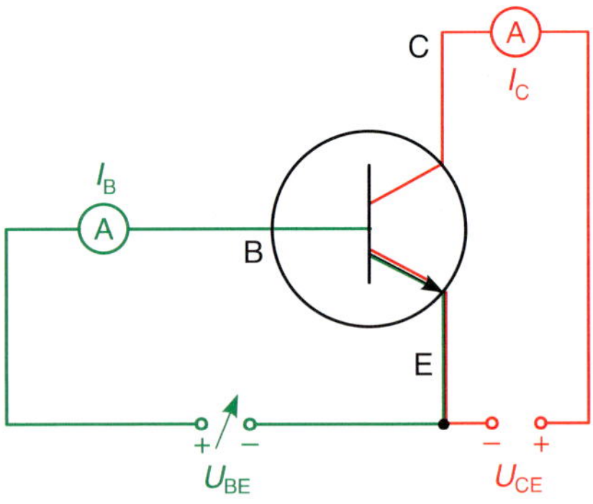

Dabei sind ΔI_C die Änderung der Kollektorstromstärke und ΔI_B die Änderung der Basisstromstärke.

E

Nuklide

Eine *Atomkernart* (*Nuklid*) ist durch zwei Angaben gekennzeichnet:

1. *Kernladungszahl Z*: Anzahl der Protonen;
   Ordnungszahl im Periodensystem;
   beim elektrisch neutralen Atom gleich der Anzahl der Elektronen in der Atomhülle

2. *Nukleonenzahl A*: Summe aus der Protonenzahl Z und der Neutronenzahl N

$$A = Z + N$$

Die Elementarteilchen Protonen, Neutronen und Elektronen

	Protonen	Neutronen	Elektronen
Symbol	p	n	e^-
Ruhemasse in kg	$1{,}6723 \cdot 10^{-27}$	$1{,}6747 \cdot 10^{-27}$	$9{,}1095 \cdot 10^{-31}$
Elektrische Ladung in C	$+1{,}6021 \cdot 10^{-19}$ positive Elementarladung	0	$-1{,}6021 \cdot 10^{-19}$ negative Elementarladung

Isotope

Isotope sind Atome eines bestimmten chemischen Elements mit gleicher Protonenzahl aber verschiedener Neutronenzahl.
Die meisten chemischen Elemente bestehen aus einem Isotopengemisch.

Beispiel: *Isotope des natürlichen Urans*

Uranatom mit dem Nuklid	**Protonen**	**Neutronen**	**Elektronen**	**Häufigkeit**
$^{234}_{92}U$	92	142	92	0,006%
$^{235}_{92}U$	92	143	92	0,720%
$^{238}_{92}U$	92	146	92	99,274%

Natürlicher radioaktiver Zerfall

Beim natürlichen radioaktiven Zerfall lassen sich zwei Arten unterscheiden:

1. *α-Zerfall:* Zerfall eines Atomkerns unter Aussendung eines so genannten *α-Teilchens*;

   ein α-Teilchen besteht aus 2 Protonen und 2 Neutronen und ist damit mit dem Atomkern eines Heliumatoms identisch;

   Schreibweise für ein α-Teilchen: $^{4}_{2}\mathrm{He}$; α

   Kernreaktionsgleichung: $^{A}_{Z}X \longrightarrow {}^{A-4}_{Z-2}Y + \alpha$

   Beispiel: $^{226}_{88}\mathrm{Ra} \longrightarrow {}^{222}_{86}\mathrm{Rn} + \alpha$

2. *β-Zerfall:* Zerfall eines Atomkerns unter Aussendung eines so genannten *β-Teilchens*;

   ein β-Teilchen ist ein Elektron, das bei der Umwandlung eines Neutrons in ein Proton entsteht;

   Schreibweise für ein β-Teilchen: $^{0}_{-1}e$; e^-; β

   Kernreaktionsgleichung: $^{A}_{Z}X \longrightarrow {}^{A}_{Z+1}Y + \beta$

   Beispiel: $^{214}_{82}\mathrm{Pb} \longrightarrow {}^{214}_{83}\mathrm{Bi} + \beta$

Natürliche radioaktive Strahlung

Man unterscheidet drei Arten natürlicher radioaktiver Strahlung:

1. *α-Strahlung:* sie setzt sich aus den beim α-Zerfall ausgesandten α-Teilchen (Heliumkernen) zusammen

2. *β-Strahlung:* sie setzt sich aus den beim β-Zerfall mit großer Geschwindigkeit ausgesandten β-Teilchen (Elektronen) zusammen

3. *γ-Strahlung:* sie ist eine elektromagnetische Welle mit sehr kurzer Wellenlänge und damit Träger hoher Energie;

   sie entsteht nur gemeinsam mit α-Strahlung oder β-Strahlung

Halbwertszeit

Unter der *Halbwertszeit* $T_{1/2}$ eines radioaktiven Nuklids versteht man die Zeit, in der die Hälfte der jeweils vorhandenen Nuklide zerfallen ist.

Beispiele für die Halbwertszeiten radioaktiver Nuklide und ihren Zerfall

Element	Nuklid	Halbwertszeit	Zerfall
Chlor	$^{38}_{17}Cl$	37,3 Minuten	β ; γ
Kohlenstoff	$^{14}_{6}C$	5730 Jahre	β
Kupfer	$^{64}_{29}Cu$	12,9 Stunden	β ; γ
Radon	$^{222}_{86}Rn$	3,83 Tage	α
Thorium	$^{232}_{90}Th$	$1{,}41 \cdot 10^{10}$ Jahre	α ; γ
Uran	$^{238}_{92}U$	$4{,}5 \cdot 10^{9}$ Jahre	α ; γ
Wasserstoff	$^{3}_{1}H$	12,3 Jahre	β

Aktivität

Unter der *Aktivität A* einer radioaktiven Substanz versteht man die Anzahl der Zerfallsakte in der Zeiteinheit.

Die Aktivität A wird in der Einheit Becquerel (Bq) gemessen:
$[A] = 1\,\text{Bq} = 1\,\text{s}^{-1}$.

Eine radioaktive Substanz mit der momentanen Aktivität A_0 hat nach der Zeit t die Aktivität $A(t)$.

Es gilt: $$A(t) = A_0 \cdot \left(\tfrac{1}{2}\right)^{\frac{t}{T_{1/2}}}$$

Dabei ist $T_{1/2}$ die *Halbwertszeit.*

Zerfallsgesetz

Beim radioaktiven Zerfall sind von der ursprünglich vorhandenen Anzahl N_0 von Nukliden nach der Zeit t $N(t)$ Nuklide nicht zerfallen.

Es gilt: $$N(t) = N_0 \cdot \left(\tfrac{1}{2}\right)^{\frac{t}{T_{1/2}}}$$

Dabei ist $T_{1/2}$ die *Halbwertszeit.*

Messung der Strahlenbelastung

Durch die ionisierende Wirkung radioaktiver Strahlungen können in unserem Körper Strahlenschäden auftreten. Deshalb ist es erforderlich, die *Strahlenbelastung*, der wir ausgesetzt sind, zu messen.

Die abgeleitete Größe **Energiedosis**

Die *Energiedosis* gibt die von der Masseneinheit eines Gewebeteils absorbierte Energie einer ionisierenden Strahlung an.

Größensymbol: D

Definitionsgleichung: $D = \frac{W}{m}$

Dabei ist W die Energie, die von der ionisierenden Strahlung auf das Gewebeteil der Masse m übertragen wird.

Einheit: 1 Gray; $[D] = 1\,\mathrm{Gy} = 1\,\frac{\mathrm{J}}{\mathrm{kg}}$

Die abgeleitete Größe **Äquivalentdosis**

Die *Äquivalentdosis* ist ein Maß für die biologische Wirkung verschiedener ionisierender Strahlungen in demselben Gewebe.

Größensymbol: H

Definitionsgleichung: $H = \mathrm{q} \cdot D$

Dabei sind D die Energiedosis und q der von der Art und der Energie der Strahlung abhängige *Qualitätsfaktor*.
Beispiele für q-Werte:

$\mathrm{q} = 1$	für β-Strahlung, γ-Strahlung, Röntgenstrahlung und ultraviolette Strahlung
$2 \leqq \mathrm{q} \leqq 10$	für Neutronenstrahlung und Protonenstrahlung
$\mathrm{q} = 20$	für α-Strahlung

Einheit: 1 Sievert; $[H] = 1\,\mathrm{Sv} = 1\,\frac{\mathrm{J}}{\mathrm{kg}}$

A

Ausgewählte Schaltzeichen der Elektrizitätslehre

Dioden | **Schaltzeichen**

Röhrendiode (Zweielektrodenröhre)

Halbleiterdiode

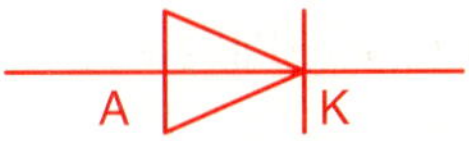

Leuchtdiode

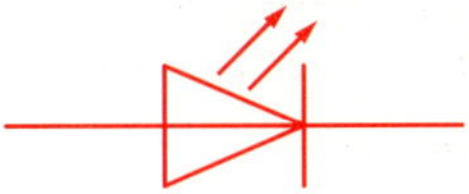

Erde | **Schaltzeichen**

Erde allgemein

Lampen | **Schaltzeichen**

Glühlampe

Glimmlampe

Lautsprecher | **Schaltzeichen**

Lautsprecher allgemein

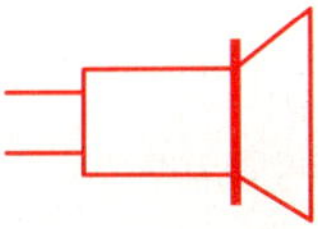

Messgeräte | **Schaltzeichen**

Strommesser (Amperemeter)

Spannungsmesser (Voltmeter)

Ausgewählte Schaltzeichen der Elektrizitätslehre

Mikrofon | **Schaltzeichen**

Kohlemikrofon

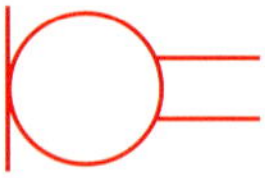

Dynamisches Mikrofon

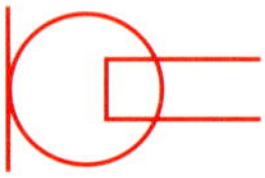

Relais | **Schaltzeichen**

Relais allgemein

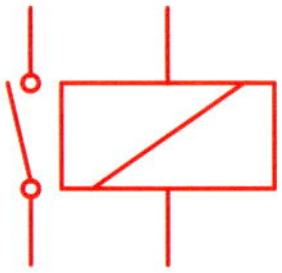

Schalter | **Schaltzeichen**

Schalter allgemein (offen)

Schalter allgemein (geschlossen)

Spannungsquellen | **Schaltzeichen**

Akku, Batterie

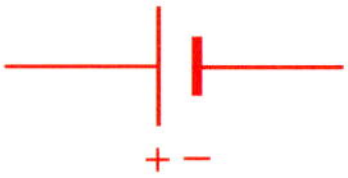

Gleichspannungsquelle

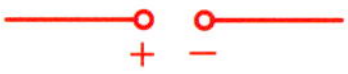

Wechselspannungsquelle

Spannungsquelle mit veränderbarer Spannung

Spulen | **Schaltzeichen**

Spule allgemein

Spule mit Kern

Ausgewählte Schaltzeichen der Elektrizitätslehre

Transformator | **Schaltzeichen**

Transformator mit Eisenkern

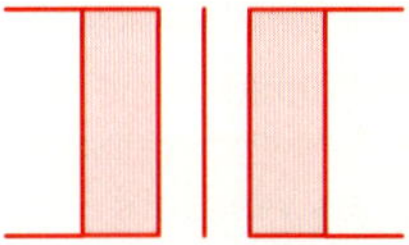

Transistoren | **Schaltzeichen**

npn-Transistor

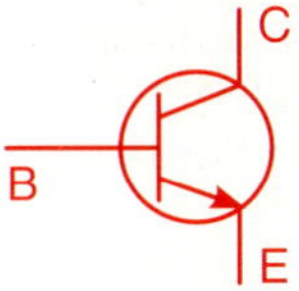

pnp-Transistor

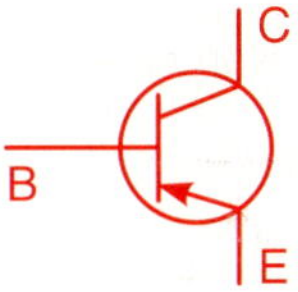

Widerstände | **Schaltzeichen**

Widerstand allgemein

Schiebewiderstand

Veränderbarer Widerstand

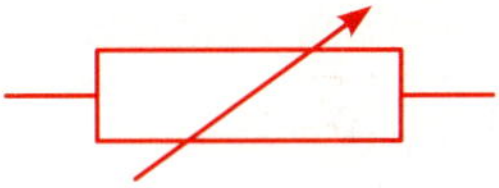

NTC - Widerstand

PTC - Widerstand

LDR - Widerstand

Ausgewählte Konstanten / Hör- und Sichtbereiche

Normfallbeschleunigung	$g_n = 9{,}80665\,\mathrm{ms}^{-2}$
Absoluter Nullpunkt	$\vartheta = -273{,}15\,^{\circ}\mathrm{C}$
Tripelpunkt des Wassers	$T = 273{,}16\,\mathrm{K}$
Molvolumen idealer Gase	$V_{m.0} = 22{,}41383\,\mathrm{dm}^3 \cdot \mathrm{mol}^{-1}$
Allgemeine Gaskonstante	$R = 8{,}31441\,\mathrm{JK}^{-1}\,\mathrm{mol}^{-1}$
Avogadro'sche Konstante	$N_A = 6{,}0220453 \cdot 1023\,\mathrm{mol}^{-1}$
Boltzmann-Konstante	$k = 1{,}38062 \cdot 10^{-23}\,\mathrm{JK}^{-1}$
Faraday'sche Konstante	$F = 9{,}648544 \cdot 10^4\,\mathrm{C\,mol}^{-1}$
Geschwindigkeit elektromagnetischer Wellen (von Licht) im Vakuum	$c = 2{,}99792458 \cdot 10^6\,\mathrm{ms}^{-1}$
Stefan-Boltzmann-Konstante	$\sigma = 5{,}67032 \cdot 10^{-8}\,\mathrm{Wm}^{-2}\,\mathrm{K}^{-4}$
Planck'sches Wirkungsquantum	$h = 6{,}626176 \cdot 10^{-34}\,\mathrm{Js} = 4{,}1357 \cdot 10^{-15}\,\mathrm{eVs}$
Elementarladung	$e = 1{,}6021892 \cdot 10^{-19}\,\mathrm{C}$
Ruhemasse des Elektrons	$m_e = 9{,}109534 \cdot 10^{-31}\,\mathrm{kg} = 0{,}511\,\mathrm{MeV} \cdot c^{-2}$
Spez. Ladung des Elektrons	$e/m_e = 1{,}759 \cdot 10^{11}\,\mathrm{C\,kg}^{-1}$
Ruhemasse des Protons	$m_p = 1{,}6726485 \cdot 10^{-27}\,\mathrm{kg}$
Protonen-/Elektronenmasse	$m_p / m_e = 1836{,}1$
Ruhemasse des Neutrons	$m_n = 1{,}6749543 \cdot 10^{-27}\,\mathrm{kg}$
Für das menschliche Ohr hörbare Schallwellen (Hörbereich) Untere Hörgrenze: Obere Hörgrenze:	 $f = 16\,\mathrm{Hz}$ $f = 2 \cdot 10^4\,\mathrm{Hz}$
Für das menschliche Auge sichtbare elektromagnetische Wellen (Sichtbares Licht) Untere Sichtgrenze: Obere Sichtgrenze:	 $f = 3{,}9 \cdot 10^{14}\,\mathrm{Hz}$ $f = 7{,}7 \cdot 10^{14}\,\mathrm{Hz}$

Periodensystem der Elemente

Hauptgruppenelemente								
Periode	Gruppe I	II	III	IV	V	VI	VII	VIII
1	1,0079 H 1							4,0026 He 2
2	6,941 Li 3	9,0122 Be 4	10,811 B 5	12,011 C 6	14,0067 N 7	15,9994 O 8	18,9984 F 9	20,179 Ne 10
3	22,9898 Na 11	24,305 Mg 12	26,9815 Al 13	28,086 Si 14	30,9738 P 15	32,064 S 16	35,453 Cl 17	39,948 Ar 18
4	39,102 K 19	40,08 Ca 20	68,72 Ga 31	72,59 Ge 32	74,916 As 33	78,96 Se 34	79,909 Br 35	83,80 Kr 36
5	85,47 Rb 37	87,62 Sr 38	114,82 In 49	118,69 Sn 50	121,75 Sb 51	127,60 Te 52	126,9044 I 53	131,30 Xe 54
6	132,905 Cs 55	137,34 Ba 56	204,37 Tl 81	207,19 Pb 82	208,980 Bi 83	209 Po 84	210 At 85	222 Rn 86
7	223 Fr 87	226 Ra 88						

Metalle | Halbmetalle | Nichtmetalle

Nebengruppenelemente										
Periode	Gruppe III	IV	V	VI	VII	VIII a	VIII b	VIII c	I	II
4	44,956 Sc 21	47,90 Ti 22	50,942 V 23	51,996 Cr 24	54,938 Mn 25	55,847 Fe 26	58,9332 Co 27	58,71 Ni 28	63,54 Cu 29	65,37 Zn 30
5	88,905 Y 39	91,22 Zr 40	92,906 Nb 41	95,94 Mo 42	99 Tc 43	101,07 Ru 44	102,905 Rh 45	106,4 Pd 46	107,870 Ag 47	112,4013 Cd 48
6	138,91 La 57	178,49 Hf 72	180,948 Ta 73	183,85 W 74	186,2 Re 75	190,2 Os 76	192,2 Ir 77	195,09 Pt 78	196,967 Au 79	200,59 Hg 80
7	227 Ac 89	261,1 Rf 104	262,1 Ha 105	263,1 106	262,1 Ns 107	265 Hs 108	266 Mt 109			

Lanthanoide													
140,12 Ce 58	140,907 Pr 59	144,24 Nd 60	145 Pm 61	150,35 Sm 62	151,96 Eu 63	157,25 Gd 64	158,924 Tb 65	162,50 Dy 66	164,930 Ho 67	167,26 Er 68	168,934 Tm 69	173,04 Yb 70	174,97 Lu 71

Actinoide													
232,038 Th 90	231 Pa 91	238,03 U 92	237 Np 93	244 Pu 94	243 Am 95	247 Cm 96	247 Bk 97	251 Cf 98	254 Es 99	257 Fm 100	256 Md 101	259 No 102	262 Lr 103

Sachregister

Sachregister

Sachregister

Sachregister

Ausschnitt aus der Nuklidkarte

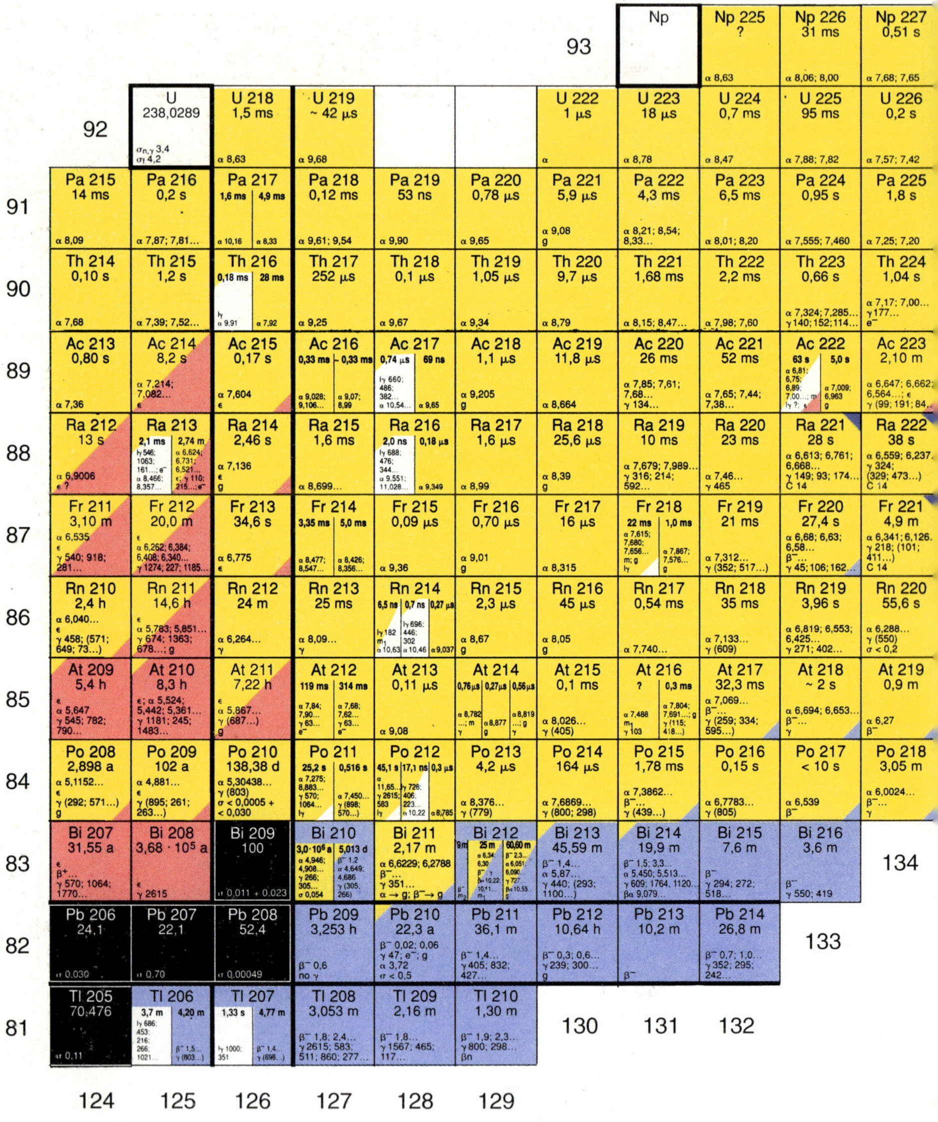